AF306960

JANAKI H. CHAUHAN

Resolução Quiral de um Composto Recém-Construído e Análise In-Silico

JANAKI H. CHAUHAN

Resolução Quiral de um Composto Recém-Construído e Análise In-Silico

ScienciaScripts

Imprint
Any brand names and product names mentioned in this book are subject to trademark, brand or patent protection and are trademarks or registered trademarks of their respective holders. The use of brand names, product names, common names, trade names, product descriptions etc. even without a particular marking in this work is in no way to be construed to mean that such names may be regarded as unrestricted in respect of trademark and brand protection legislation and could thus be used by anyone.

Cover image: www.ingimage.com

This book is a translation from the original published under ISBN 978-620-7-44773-2.

Publisher:
Sciencia Scripts
is a trademark of
Dodo Books Indian Ocean Ltd. and OmniScriptum S.R.L publishing group

120 High Road, East Finchley, London, N2 9ED, United Kingdom
Str. Armeneasca 28/1, office 1, Chisinau MD-2012, Republic of Moldova, Europe
Printed at: see last page
ISBN: 978-620-7-75692-6

Copyright © JANAKI H. CHAUHAN
Copyright © 2024 Dodo Books Indian Ocean Ltd. and OmniScriptum S.R.L publishing group

Conteúdo

RECONHECIMENTO

"Esforcei-me por realizar este projeto. No entanto, não teria sido possível sem o apoio e a ajuda de muitas pessoas e organizações. Gostaria de estender os meus sinceros agradecimentos a todos eles.

É indiscutível que a pessoa mais influente no meu trabalho de dissertação foi o Professor Dr. Girin A. Baxi, do Departamento de Química, que me deu a oportunidade de realizar a minha investigação e de trabalhar no seu departamento bem equipado. O meu projeto não teria sido possível sem o seu apoio e encorajamento.

Estou muito grato ao Dr. Jyotindra J. Bhatt, ao Dr. Vijay R. Ram, ao Sr. Ajay Rathod e ao Dr. Chirag B. Patel pela sua orientação e supervisão constante, bem como por fornecerem as informações necessárias sobre o projeto e também pelo seu apoio na conclusão do projeto. A pessoa mais influente no meu trabalho de dissertação é Navin Saxena Research and technology, que me deu a oportunidade de realizar o meu trabalho de investigação no seu laboratório bem equipado. O meu projeto não teria sido possível sem o seu apoio e encorajamento. Estou muito grato ao Dr. Manoj Luhar, chefe do API, ao Sr. Dilipkumar Patel e ao Dr. Tejindar Kaur pela sua orientação e supervisão constante, bem como pelo fornecimento das informações necessárias sobre o projeto e também pelo seu apoio na conclusão do projeto.

Gostaria de exprimir a minha gratidão a Gopalbhai, Hiteshbhia e Manishbhai pela sua amável cooperação e encorajamento que me ajudaram a concluir este projeto.

Gostaria de expressar a minha especial gratidão e agradecimento à NSRT PVT. LTD. por me ter dado tanta atenção e tempo.

Os meus agradecimentos e apreço vão também para o meu colega no desenvolvimento do projeto e para as pessoas que me ajudaram de bom grado com as suas capacidades."

Data: 11/4/2019

Local: Bhuj.   JANAKI H. CHAUHAN

CAPÍTULO 1

INTRODUÇÃO

1.1 PERFIL DA EMPRESA

A Rusan Pharma Ltd. é uma empresa farmacêutica global totalmente integrada, especializada no tratamento da **"toxicodependência e do controlo da dor"**.

Oferecemos uma gama completa de produtos para a desintoxicação e o controlo da dor em países de todo o mundo, incluindo a Europa, o Reino Unido, a Rússia, a CEI, a África do Sul, as Maurícias, o Nepal e Myanmar. Somos um dos maiores fornecedores de medicamentos que salvam vidas a várias organizações como a **NACO, UNODC, UNOPS, Fundo Global** e **Ministérios da Saúde** em vários mercados emergentes.

Desde 1994, temos trabalhado diligentemente para tornar o Tratamento de Substituição de Opiáceos (TSO) uma forma de tratamento amplamente aceite na Índia. Para atingir este objetivo, trabalhamos com todas as partes interessadas para ajudar a alcançar a mudança.

A base fundamental da Rusan assenta nos seguintes valores:

* Qualidade orientada
* Orientado para a investigação
* Respeito pelas pessoas
* Prestar um melhor apoio ao cliente
* Integridade e elevados padrões de conduta ética
* Desempenho superior na resposta aos desafios e à procura actuais, fornecendo medicamentos relevantes

1.2 NAVIN SAXENA RESEARCH AND TECHNOLOGY (NSRT)

Navin Saxena Research & Technology (NSRT) é um centro de investigação de ponta inaugurado em abril de 2016 na Zona Económica Especial de Kandla (KASEZ; Gujarat, Índia). O nosso objetivo é trazer tecnologias farmacêuticas inovadoras e acessíveis para o mercado indiano e internacional.

Com uma rica experiência de mais de 25 anos no desenvolvimento e fabrico de produtos farmacêuticos, a NSRT é capaz de realizar investigação de ponta. A nossa equipa de investigação é composta por um grupo de cientistas versáteis e especializados no domínio do CADD, API e NDDS. Somos uma das poucas empresas de investigação capazes de desenvolver API e formulações de substâncias medicamentosas controladas.

Atualmente, um grande desafio para a indústria farmacêutica consiste em fornecer soluções de cuidados de saúde eficazes, mas acessíveis, à humanidade em geral, respondendo a esta necessidade com investigação e tecnologia críticas em termos de tempo (nsrt). A NSRT tem fortes raízes na investigação farmacêutica promovida pelo Dr. Navin Saxena, que fundou e alimentou a bem estabelecida Rusan pharma.

Navin saxena research & technology (nsrt) é um centro de investigação de ponta inaugurado em abril de 2016 na Zona Económica Especial de Kandla (KASEZ; Gujarat, Índia). O seu objetivo é trazer tecnologias farmacêuticas acessíveis e inovadoras para o mercado indiano e internacional. NSRT é uma fonte única para a realização de pesquisa e desenvolvimento avançados para clientes em todo o mundo.

NSRT - Foco

*   Medicamentos para o SNC - Parkinson, Alzheimer, Esquizofrenia
*   Medicamentos órfãos - Dengue, Malária, Tuberculose MDR, Zika
*   Dependência - Drogas, álcool, tabaco
*   Tratamento da dor - Formulações de ação prolongada / Dissuasor de abuso
*   Tecnologias de plataforma - Novas entregas de medicamentos utilizando tecnologia nanotecnológica e sem agulhas Experiência no manuseamento de formulações de substâncias narcóticas e **pasicotrópicas** controladas de acordo com as regras e regulamentos da Índia

1.3 API

"Ingrediente Farmacêutico Ativo (IFA), uma substância utilizada num produto farmacêutico acabado (PPF), destinada a fornecer atividade farmacológica ou a ter um efeito direto no diagnóstico, cura, atenuação, tratamento ou prevenção de doenças, ou a ter um efeito direto no restabelecimento, correção ou modificação das funções fisiológicas no ser humano."

Um ingrediente ativo (IA) é o ingrediente de um medicamento ou pesticida que é biologicamente ativo. Os termos similares ingrediente farmacêutico ativo (API) e substância ativa são também utilizados em medicina, e o termo substância ativa pode ser utilizado para produtos naturais. Alguns medicamentos podem conter mais do que um ingrediente ativo. A palavra tradicional para o IFA é pharmacon ou pharmakon, que originalmente designava uma substância mágica ou uma droga.

1.4 INSTRUMENTOS UTILIZADOS NA API

1.4.1. Agitador magnético

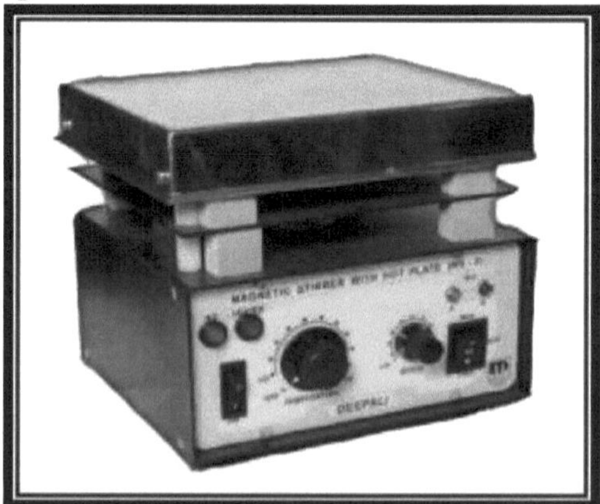

Figura 1.4.1

O agitador magnético ou **misturador magnético** é um dispositivo de laboratório que utiliza um campo **magnético** rotativo para fazer com que uma barra de **agitação** (ou pulga) imersa num líquido gire muito rapidamente, agitando-o assim.

O campo rotativo pode ser criado por um íman rotativo ou por um conjunto de electroímanes fixos, colocados por baixo do recipiente com o líquido.

1.4.2. Agitador mecânico

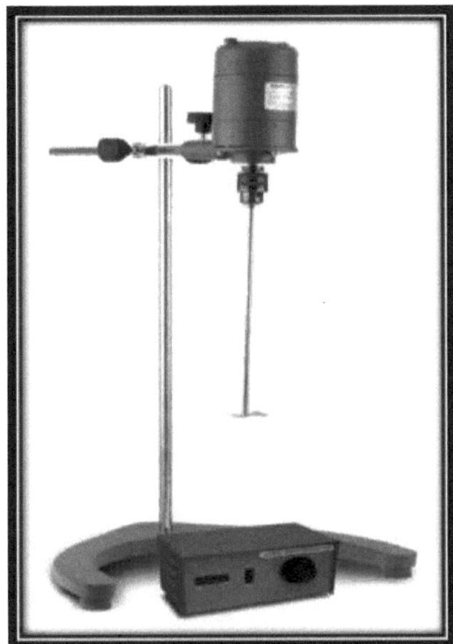

Figura 1.4.2

O agitador mecânico é um equipamento de laboratório constituído por um motor elétrico que acciona a haste metálica com lâminas imersas no licor misturado. Os agitadores mecânicos de laboratório são normalmente utilizados em laboratórios industriais, de investigação, de cosmética, misturando e dispersando materiais sólidos e líquidos, misturando sistemas líquido-líquido com diferentes viscosidades - de baixa a alta. Os misturadores estão disponíveis com diferentes velocidades e avanços, equipados com um ecrã digital ou sem ecrã - dependendo dos requisitos e necessidades do cliente.

Concebido para aplicações altamente viscosas. Adequado para misturas intensivas. Equipada com uma proteção contra o sobreaquecimento do motor. Para proteger as taças, uma proteção do veio de agitação.

1.4.3. Evaporador rotativo

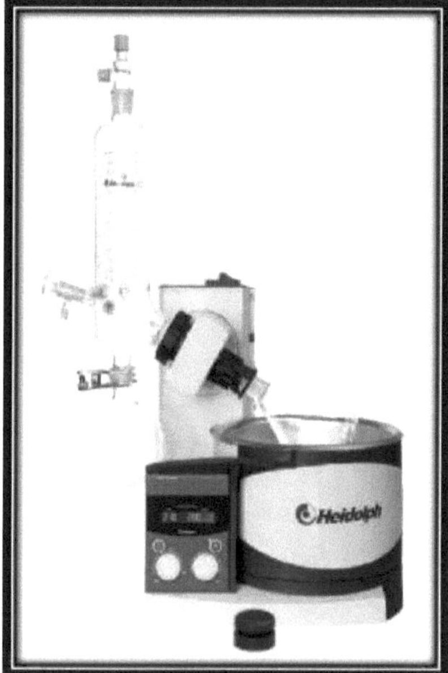

Figura 1.4.3

Um evaporador rotativo tem um banho de água que pode ser aquecido num recipiente metálico ou num prato de cristalização. Isto evita que o solvente congele durante o processo de evaporação. O solvente é removido sob vácuo, é retido por um condensador e é recolhido para fácil reutilização ou eliminação.

Um evaporador rotativo típico tem um banho de água que pode ser aquecido num recipiente metálico ou num prato de cristalização. Isto evita que o solvente congele durante o processo de evaporação. O solvente é removido sob vácuo, é retido por um condensador e é recolhido para fácil reutilização ou eliminação.

1.4.4. Forno de ar quente

1.4.5. Forno de vácuo

1.4.6. Aparelho de ponto de fusão

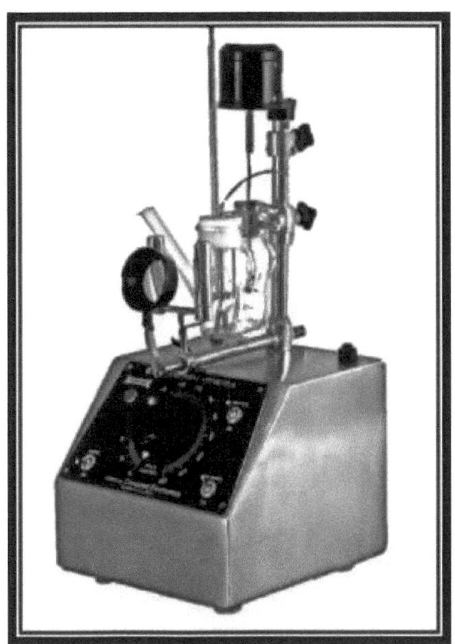

Figura 1.4.6

O ponto de fusão (mp) é a temperatura à qual um sólido se transforma num líquido à pressão atmosférica normal. Neste ponto, o sólido e o seu líquido estão em equilíbrio a uma determinada pressão. O ponto de fusão é uma das propriedades físicas de um composto através da qual este é identificado pelo aparelho M.P.

1.4.7. Combiflash

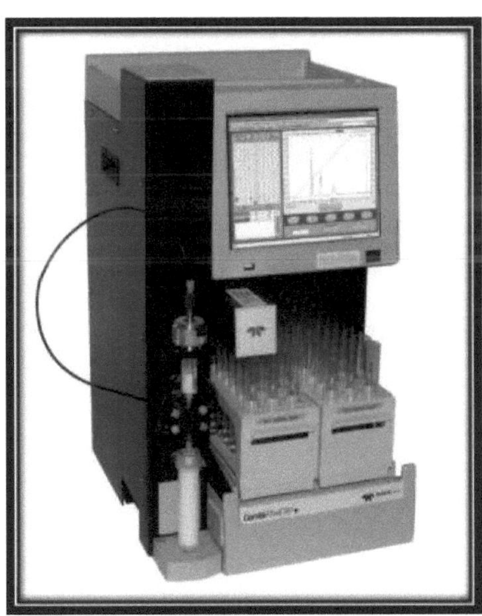

Foi desenvolvida a cromatografia flash, que é uma modificação da cromatografia em coluna preparativa. Trata-se de uma técnica accionada por pressão de ar que inclui cromatografia em colunas médias e curtas, optimizada para a separação rápida de compostos orgânicos. Os sistemas modernos de cromatografia flash são constituídos por cartuchos de plástico pré-embalados, em que o solvente é bombeado através dos cartuchos para obter a separação. Estes sistemas estão também ligados a detectores e colectores de fracções que podem mesmo ser automatizados. Trata-se de uma abordagem simples, rápida e económica da cromatografia líquida preparativa para a purificação de espécies químicas.

1.4.8. Câmara de UV

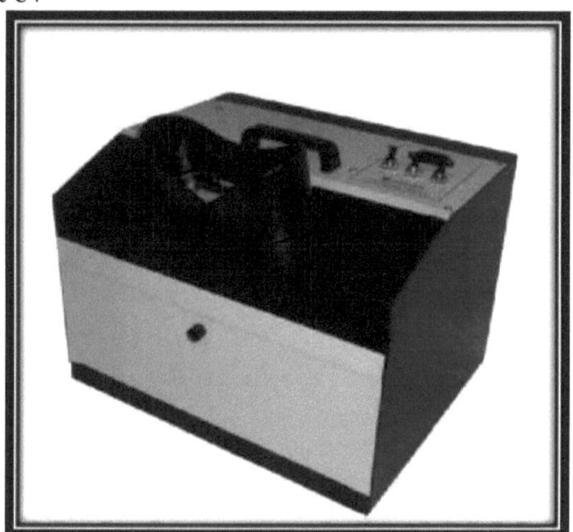

Figura 1.4.8

A câmara UV é utilizada para monitorizar a conclusão da reação através de cromatografia em camada fina (placa TLC). A câmara de UV pode ser utilizada para visualizar e detetar substâncias separadas nas camadas de TLC.

CAPÍTULO 2

(S)-PREGABALINA

S (+) PREGABALINA

Sinónimos:
- Ácido (S)-3-(aminometil)-5-metil-hexanóico
- (S)-3-Isobutil GABA
- 3-Isobutil GABA
- S-(+)-3-isobutilgaba

Nome IUPAC:
- Ácido (3S)-3-(aminometil)-5-metil-hexanóico

Estrutura química:

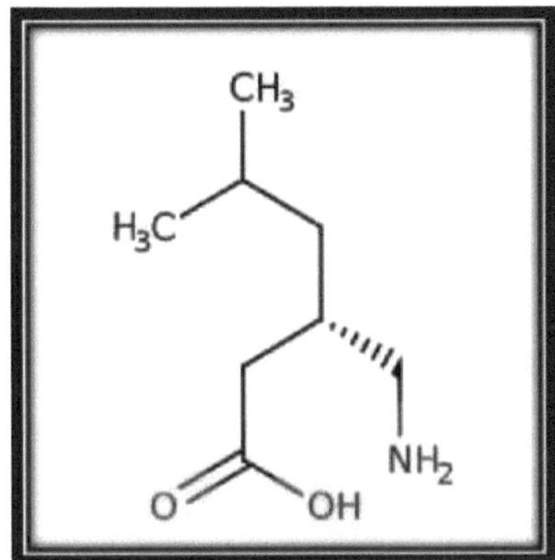

Fórmula química:
- C8H17NO2

Peso molecular:
. 159,229 g/mol

Atividade terapêutica:

- S (+) A pregabalina é um derivado do ácido gama-aminobutírico (GABA) que actua como bloqueador dos canais de cálcio e é utilizado como anticonvulsivo e ansiolítico. É também utilizado como analgésico no tratamento da dor neuropática e da fibromialgia.

- Apresenta acções anti-hiperalgésicas por ligação à subunidade a26 dos canais de cálcio dependentes da voltagem, sem apresentar acções antinociceptivas.

2.1 Impacto global da doença:

2.1.1 Relatório sobre a ansiedade global:

- Casos de perturbação de ansiedade (milhões), por região da OMS,

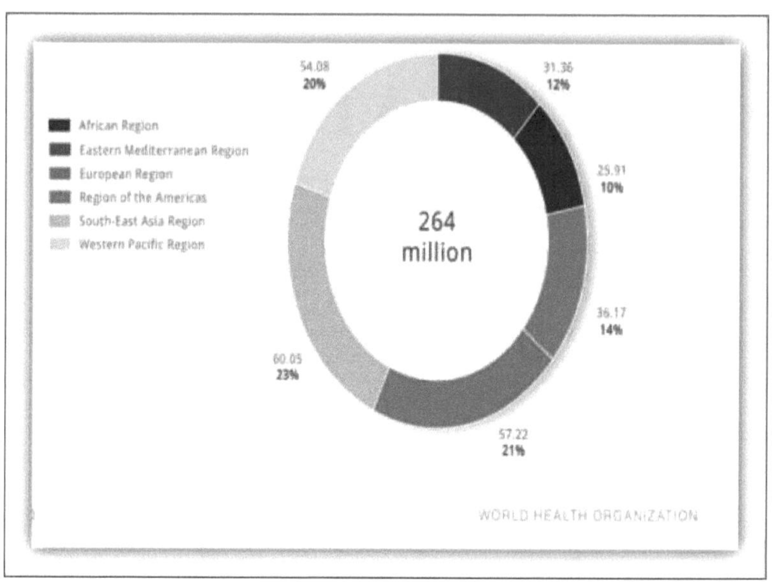

- Estima-se que, em 2015, a proporção da população mundial com perturbações de ansiedade era de 3,6%. Tal como acontece com a depressão, as perturbações de ansiedade são mais comuns nas mulheres do que nos homens (4,6% em comparação com 2,6% a nível mundial).

- O número total estimado de pessoas que vivem com perturbações de ansiedade no mundo é de 264 milhões. Este total para 2015 reflecte um aumento de 14,9% desde 2005, como resultado do crescimento e envelhecimento da população.[2]

2.1.2 Taxas globais de epilepsia:

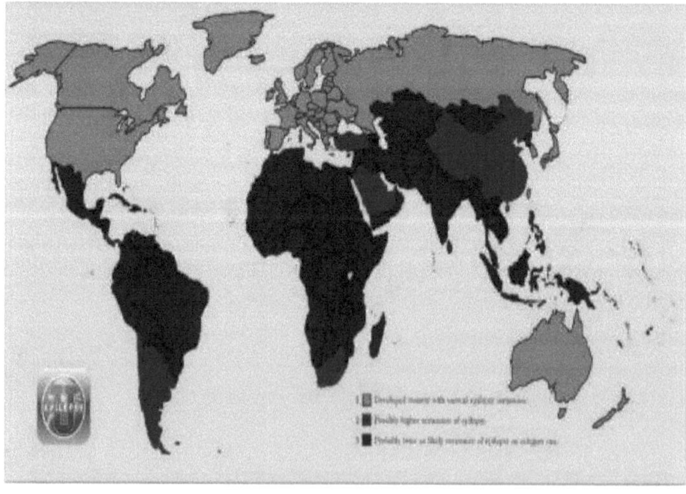

- Os elevados níveis de risco encontrados nos países em desenvolvimento podem ser responsáveis por estes números. Por exemplo, há mais ferimentos na cabeça e infecções do que num país desenvolvido.

• O relatório concluiu também que, em muitos casos, os países não dispõem de sistemas eficazes para tratar as pessoas com epilepsia. Segundo o relatório, mais de 60% das pessoas afectadas não recebem um nível de tratamento adequado.

• O peso da epilepsia nestas regiões é, pelo menos, o dobro do que se verifica nos países com rendimentos elevados e, infelizmente, em muitas das regiões mais pobres do mundo não existem praticamente instalações adequadas para o diagnóstico, o tratamento e a gestão contínua da epilepsia.

2.2 Impacto da doença na Índia:

• A tabela mostra que a prevalência global ponderada das perturbações de ansiedade generalizada foi de 0,6% para a experiência atual (Tabela 26). Para a experiência atual de perturbações de ansiedade generalizada, as taxas para as mulheres (0,8%) foram mais elevadas do que para os homens (0,4%). Da mesma forma, as taxas para o grupo etário dos 40-49 anos (0,8%) e as taxas para os residentes em áreas urbanas metropolitanas (1,3%) foram mais elevadas em comparação com os seus respectivos homólogos.

Características	Atual (95% CI) 0 57	Características	Rastreio de epilepsia positivo (GTCS) (95* CI)
Total	(0.56 ▪ 0.591	Total	0.28
Faixa etária		Faixa etária	(0.27 0.29)
18-29	0.43 (0.41-045)	18-29	0.28 (0.26-0.29)
30-39	0.63 (0.60-0.66)	30-39	0.37 (0.34-0.39)
40-49	0.77 (0.73-0.81)	40-49	0 30 (0.27-0.32)
50-59	0.74 (0.70 - 0.78)	50-59	0.20 (0.17-0.22)
60 anos ou mais	0.47 (0.44 ▪ 0.50)	60"	0.20 (0.18-0.22)
Género		Género	
Masculino	038 (0.36 - 0.39)	Masculino	036 (0.34-0 37)
Feminino	0.76 (0.74 - 0.78)	Feminino	020 (0.19-022)
Residência		Local de residência	
Rural	0.41 (0.40 ▪ 0.42)	Rural	0.27 (0 26 0 28)
Urbano não metropolitano	0.38 (0.36-0.41)	Urbano não metropolitano	0.19 (0.17-0.21)
Metro urbano	1.30 (1.25 -1.34)	Metro urbano	0.37 (0.34-0.39)

• Os sintomas e sinais da epilepsia do tipo convulsão tónico-clónica generalizada (GTCS) permitem uma melhor identificação da GTCS em comparação com outros tipos de epilepsia e contribuem para quase dois terços dos casos de epilepsia. A prevalência global da taxa de positividade do rastreio para a epilepsia (apenas GTCS) nos 12 estados foi de 0,3%. A proporção de inquiridos positivos para a pergunta específica do rastreio de epilepsia da GTCS foi de 0,3%, sendo mais elevada nos grupos etários 30-39 (0,4%) e entre os homens (0,4%). O Punjab registou a taxa mais elevada, de 0,7%.

2.3 Formulação diferente de Pregabalina comercializada por várias empresas em todo o mundo: Dossiê apresentado por várias empresas nos EUA, UE, Canadá, Austrália e África do Sul: Dossiers // Formulações de dosagem acabada FDA Orange Book:

Ativo Ingredientes	Forma de dosagem	Dosagem	País de Registo	Nome da marca
Pregabalina	Cápsula; Oral	25 mg,50 mg, 75 mg,100 mg, 150 mg, 200 mg, 225 mg, 300 mg	Estados Unidos	lecaente

Pregabalina	Cápsula; Oral	25 mg, 50 mg, 75 mg, 100 mg, 150 mg, 200 mg, 225 mg, 300 mg	Estados Unidos	Axogurd
Pregabalina	Solução; Oral	20 mg/ml	Estados Unidos	
Pregabalina	Cápsula; Oral	75 mg, 100 mg, 200 mg, 225 mg, 300 mg	Estados Unidos	Neurokem
Pregabalina	Cápsula; Oral	25 mg, 50 mg, 75 mg, 100 mg, 200 mg, 300 mg	Estados Unidos	Apo-pregabalina
Pregabalina	Cápsula; Oral	25 mg, 50 mg, 75 mg, 100 mg, 150 mg, 200 mg, 225 mg, 300 mg	Estados Unidos	Auro-Pregabalina
Pregabalina	Cápsula; Oral	50 mg, 75 mg, 100 mg, 150 mg, 200 mg, 225 mg, 300 mg	Estados Unidos	Nuramed
Pregabalina	Solução; Oral	20 mg/ml	Estados Unidos	Pregastar
Pregabalina	Cápsula; Oral	25 mg, 50 mg, 75 mg, 100 mg, 150 mg, 200 mg	Estados Unidos	Pregastar
Pregabalina	Cápsula; Oral	25 mg, 50 mg, 75 mg, 100 mg, 150 mg, 200 mg, 225 mg, 300 mg	Estados Unidos	Nervite
Pregabalina	Cápsula; Oral	25 mg, 50 mg, 75 mg, 100 mg, 150 mg, 200 mg, 225 mg, 300 mg	Estados Unidos	Pregabalina Mylan
Pregabalina	Solução; Oral	20 mg/ml	Estados Unidos	
Pregabalina	Cápsula; Oral	25 mg, 50 mg, 75 mg, 100 mg, 150 mg, 200 mg , 225 mg, 300 mg	Estados Unidos	
Pregabalina	Solução; Oral	20 mg/ml	Estados Unidos	
Pregabalina	Tablet, alargado Libertação; Oral	82,5 mg,165 mg, 330 mg	Estados Unidos	
Pregabalina	Cápsula; Oral	25 mg, 50 mg, 75 mg, 100 mg, 150 mg, 200 mg, 225 mg, 300 mg	Estados Unidos	
Pregabalina	Cápsula; Oral	25 mg, 50 mg, 75 mg, 100 mg, 150 mg, 200 mg, 225 mg, 300 mg	Estados Unidos	
Pregabalina	Cápsula; Oral	25 mg, 50 mg, 75 mg, 100 mg, 150 mg, 200 mg, 225 mg, 300 mg	Estados Unidos	
Pregabalina	Cápsula; Oral	25 mg, 50 mg, 75 mg, 100 mg, 150 mg, 200 mg, 225 mg, 300 mg	Estados Unidos	

Requerente	Ativo Ingredientes	Dosagem Formulário	Dosagem	País de registo	Marca Nome
ADAMED SP	Pregabalina	Cápsula; Oral	25 mg, 50 mg, 75 mg, 100 mg, 150 mg, 200 mg, 225 mg, 300 mg	Polónia	
MACLEODS FARMÁCIA	Pregabalina	Cápsula; Oral	25 mg, 50 mg, 75 mg, 100 mg, 150 mg, 200 mg, 225 mg,	Unidos Reino Unido	

Requerente	Ativo Ingredientes	Dosagem Formulário	Dosagem Força	País de registo	Nome da marca
			300 mg		
NOBEL ILAC	Pregabalina	Gelatina mole Cápsulas	25 mg, 75 mg, 150 mg, 300 mg	Turquia	Pregamax
PHARMACTI VE ILAC	Pregabalina	Cápsula; Oral	25 mg, 75 mg, 150 mg, 225 mg, 300 mg	Turquia	Prelica
SANECA FARMÁCIA	Pregabalina	Cápsula; Oral	25 mg, 50 mg, 75 mg, 100 mg, 150 mg, 200 mg, 300 mg	ESLOVÁQUIA A (Eslovaco República)	
TORRENT FARMÁCIA	Pregabalina	Cápsula; Oral	25 mg, 50 mg, 100 mg, 150 mg, 200 mg, 225 mg, 300 mg	Unidos Reino Unido	
MUNDO MEDICINA	Pregabalina	Cápsula; Oral	25 mg, 75 mg, 150 mg, 300 mg	Turquia	
ACTAVIS GRUPOC	Pregabalina	Difícil Cápsulas	25 mg, 50 mg, 75 mg, 100 mg, 150 mg, 200 mg, 225 mg, 300 mg	Suécia	Brieka
PFIZER LTD.	Pregabalina	Solução; Oral	20 mg/ml	Suécia	Lyrica
PFIZER LTD.	Pregabalina	Difícil Cápsulas	25 mg, 50 mg, 75 mg, 100 mg, 150 mg, 200 mg	Suécia	Lyrica
SANDOZ GMBH	Pregabalina	Difícil Cápsulas	25 mg, 50 mg, 75 mg, 100 mg, 150 mg, 200 mg, 225 mg, 300 mg	Suécia	Pregabali n Sandoz Gmbh
SIGILLATA LTD.	Pregabalina	Difícil Cápsulas	25 mg, 50 mg, 75 mg, 100 mg, 150 mg, 200 mg, 225 mg, 300 mg	Suécia	Pregabali n Sigillata
SATADA ARZENIMITT AL	Pregabalina	Difícil Cápsulas	25 mg, 50 mg, 75 mg, 100 mg, 150 mg, 200 mg, 225 mg, 300 mg	Suécia	Pregabali nSTADA Arzneimit tel AG
TEVA SUÉCIA AB	Pregabalina	Difícil Cápsulas	25 mg, 50 mg, 75 mg, 100 mg, 150 mg, 200 mg, 225 mg, 300 mg	Suécia	Pregabali n Teva

2.4 Dossiers Formulações de dosagem acabada Autorizações Europeias de Introdução no Mercado:

Dossiers// Formulações de dosagem acabada Base de dados de medicamentos do Ministério da Saúde do Canadá: Dossiers// Formulações de dosagem acabada Produtos farmacêuticos aprovados na Austrália: Dossiers// Formulações de Dosagem Acabada Produtos de Medicamentos Aprovados na África do Sul:

Requerente	Ativo Ingredientes	Dosagem Formulário	Dosagem Força	País de registo	Nome da marca
ACTAVIS ELIZABE TH	Pregabalina	Cápsula; Oral	25 mg, 50 mg, 75 mg, 100 mg, 150 mg, 200 mg, 225 mg, 300 mg	Canadá	Ato Pregabalina
APOTEX INC	Pregabalina	Cápsula; Oral	25 mg, 50 mg, 75 mg, 100 mg, 150	Canadá	Apo- Pregabalina

AURBIN DO FARMÁCIA	Pregabalina	Cápsula; Oral	mg, 200 mg, 225 mg, 300 mg 25 mg, 50 mg, 75 mg, 150 mg	Canadá	Auro-Pregabalina
DOMINI SOBRE A FARMÁCIA	Pregabalina	Cápsula; Oral	25 mg, 50 mg, 75 mg, 150 mg	Canadá	Dom-Pregabalina P
JAMP FARMÁCIA	Pregabalina	Cápsula; Oral	25 mg, 50 mg, 75 mg, 150 mg	Canadá	JAMP-Pregabalina
RIVA LABS	Pregabalina	Cápsula; Oral	25 mg, 50 mg, 75 mg, 150 mg, 300 mg	Canadá	Riva-Pregabalina
MARCÃO FARMÁCIA	Pregabalina	Cápsula; Oral	25 mg, 50 mg, 75 mg, 150 mg	Canadá	Mar-Pregabalina
MANTRA FARMÁCIA	Pregabalina	Cápsula; Oral	75 mg	Canadá	M-Pregabalina
MINT PHARMA CEUTIC ALS	Pregabalina	Cápsula; Oral	25 mg, 50 mg, 75 mg, 150 mg	Canadá	Menta Pregabalina
MYLAN FARMÁCIA	Pregabalina	Cápsula; Oral	25 mg, 50 mg, 75 mg, 150 mg, 300 mg	Canadá	Mylan Pregabalina
PFIZER CANADÁ	Pregabalina	Cápsula; Oral	25 mg, 50 mg, 75 mg, 150 mg, 225 mg, 300 mg	Canadá	Lyrica
FARMÁCIA CIÊNCIA INC	Pregabalina	Cápsula; Oral	25 mg, 50 mg, 75 mg, 150 mg, 225 mg, 300 mg	Canadá	PMS-Pregabalina
SOL FARMÁCIA	Pregabalina	Cápsula; Oral	25 mg, 50 mg, 75 mg, 150 mg, 225 mg, 300 mg	Canadá	Ran-Pregabalina
SANDOZ CANADÁ	Pregabalina	Cápsula; Oral	25 mg, 50 mg, 75 mg, 150 mg	Canadá	Sandoz Pregabalina
SANIS SAÚDE CUIDADO	Pregabalina	Cápsula; Oral	25 mg, 50 mg, 75 mg, 150 mg, 300 mg	Canadá	
SIVEM SAÚDE CUIDADO	Pregabalina	Cápsula; Oral	25 mg, 50 mg, 75 mg, 150 mg, 300 mg	Canadá	
TEVA CANADÁ	Pregabalina	Cápsula; Oral	25 mg, 50 mg, 75 mg, 150 mg, 225 mg, 300 mg	Canadá	Teva-Pregabalina

2.5 Investigação atual da síntese, preparação, desenvolvimento de processos e redução de custos da Pregabalina por várias instituições/empresas:

Título da investigação	Instituições/empresas	N.º da patente/N.º da DOI
Método de preparação da pregabalina por permuta iónica. (Pregabalina (S)-sal de ácido mandélico, com resina de permuta aniónica)	Northeast Pharmaceutical Group Co., Ltd., República Popular da China Rep. da China	CN 107602402

Método de produção do ácido (S)-3-aminometil-5-metil-hexanóico (Utiliza-se como catalisador um complexo de níquel (II) com (2S,3S)-N,N'-dibenzilbiciclo [2.2.2] octano-2,3-diamina)	FGBOU VO "Samarskii GosudarstvennyiTekhnich eskii Universitet", Rússia	RU 2643373
Preparação da pregabalina (Reação de adição com reagente de Grignard, desproteção, reação de abertura de anel e resolução quiral).	HenanNormal Universidade, Peop. Rep. China	CN 107857710
Preparação de pregabalina por síntese assimétrica (anidridação cíclica, reação de abertura de anel assimétrica com (R)-(+)-1-feniletilamina, hidrogenação e rearranjo de Hofmann para obter pregabalina).	Syncozymes (Shanghai) Co., Ltd., Peop. Rep. da China	CN 108069866
Preparação diastereoselectiva de intermediários da (S)-pregabalina	TevaPharmaceuticals Internacional GmbH, Suíça.	WO 2017019791
Processo de preparação de Pregabalina	Zhejiang Menovo Farmacêutica , Ltd., Peop. Rep. China	CN 106748850
Processo para a preparação de ésteres opticamente activos do ácido 4-nitrobutanóico e de pregabalina (malonatos de dialquilo com 4-metil-1-nitro-1- penteno na presença de um catalisador quiral contendo um derivado de piridina bisoxazolina e óxido de cálcio)	1. Universidade de Tóquio, Japão; 2. Towa Pharmaceutical Co., Ltd.	JP 2017160158
Um processo para a preparação de pregabalina e seus intermediários (Preparação via reação de Grignard de brometo de isopropilmagnésio com (2S)-2-[(1,1 dimetiltoxi) metil]-oxirano, seguido de reação com Tf2O,)	Raffles PharmaTech Pte. Ltd., Peop. Rep. China	CN 105481801
Método de síntese da pregabalina utilizando como intermediário o isobutil succinonitrilo (Performinga Reação de condensação de Knoevenagel de isovaleraldeído e cianoacetato de Et utilizando piperazina como catalisador em solvente de ciclo-hexano, com adição de Michael)	Taicang Yuntong Biochemical Engineering Co., Ltd., Peop. Rep. China	CN 105463037
Processo novo, rentável, ecológico e industrial para a síntese de (S)-pregabalina (Processo novo para a resolução do ácido (RS)-3-ciano-5-metil-hexanóico através da formação de sal diastereomérico com cinchonidina)	Lupin Limited, Índia	EM 2010KO01235, WO 2012059797

Síntese optimizada de pregabalina e ácido 4-amino butanóico utilizando um método de produção melhorado para a produção de nitroalcenos conjugados	K.H.S. Pharma Holding GmbH, Alemanha	WO 2016173960 EP 3088383
Processo e produtos intermédios para a preparação de pregabalina	PfizerIrlanda Pharmaceuticals, Ire.; Pfiz er Inc.	US 20160024540 WO 2014155291 EP 3216863 CN 107556273
Preparação da pregabalina por síntese assimétrica	Syncozymes (Shanghai) Co., Ltd., Peop. Rep. da China	CN 108069866
Desenvolvimento e aumento de escala de um processo organocatalítico enantioselectivo para fabricar (S)-Pregabalina (O método compreende seis etapas, executadas sob a catálise de um catalisador de transferência de fase ligado a um polímero reciclável,	Departamento de Descobertas Química, Merck Laboratório de investigação	DOI:10.1021/acs.oprd.5 b001
Processo de preparação da Pregabalina e novos compostos utilizados no seu fabrico	USV Limited, Índia	IN 2014MU03517

CAPÍTULO 3

TRABALHO DE PROJECTO

3.1 Objetivo do projeto:

Estabelecer o método de preparação do fármaco antiepilético pregabalina inclui a adoção do ácido (±)- 3-(carbamoilmetil)-5-metil hexanóico como matéria-prima, e permitir a resolução quiral com (±) feniletilamina, rearranjo de Hoffman em sequência. O método inventivo evita a utilização de reagentes de metais pesados, tem poucas etapas de síntese, elevada estabilidade do processo, operação simples e condições de reação moderadas, sendo adequado para uma produção em grande escala fiável em termos de custos.

3.2 Mecanismo de ação:

A pregabalina tem um novo mecanismo de ação que é diferente dos outros agentes ansiolíticos conhecidos. Liga-se à subunidade alfa-2-delta dos canais de cálcio dependentes de voltagem (VGCC) do neurónio pré-sináptico. Nos neurónios "hiperexcitados", isto resulta numa diminuição da libertação de neurotransmissores neuroexcitatórios e no regresso a um estado fisiológico "normal". Uma caraterística fundamental da pregabalina é que a sua atividade é dependente do estado; consequentemente, apenas modula a atividade dos neurónios sobre-excitados. Embora a pregabalina seja um análogo estrutural do GABA, não tem efeitos clinicamente significativos nos receptores GABAA ou GABAB e não é convertida metabolicamente em GABA ou num agonista do GABA. A pregabalina não é um inibidor da recaptação da serotonina e não actua como antagonista dos receptores de glutamato.

Os VGCCs são glicoproteínas da membrana celular que são seletivamente permeáveis aos iões de cálcio, que regulam o potencial de ação neuronal. Os VGCCs são constituídos por quatro subunidades com seis hélices transmembranares cada. Após a ativação, estas hélices realinham-se para abrir o poro. Duas destas seis hélices estão separadas por uma ansa que reveste o poro e é o principal determinante da seletividade e da condutância iónica nesta classe de canais e em algumas outras. As quatro subunidades dos VGCCs são a subunidade alfa-1 e três subunidades auxiliares: alfa-2-delta, beta e gama, numa proporção de 1:1:1:1. A subunidade alfa-1 é expressa por neurónios em todo o sistema cortico-límbico.

Os locais de ligação alfa-2-delta para a pregabalina foram localizados em áreas cerebrais densas em conexões sinápticas, como o neocórtex, o núcleo amigdalóide e as regiões neuropilares do hipocampo. Embora a subunidade alfa-1 possa funcionar até certo ponto sem as proteínas auxiliares, a proteína beta é um local importante para as proteínas de sinalização celular (por exemplo, cinases) que interagem com os canais de cálcio. A proteína alfa-2-delta melhora a função do canal e pode facilitar a dobragem correcta da subunidade alfa-1. A investigação exaustiva, utilizando técnicas bioquímicas de purificação de proteínas cerebrais e mutações de deleção e substituição, demonstrou que a pregabalina se liga de forma potente e selectiva à subunidade alfa-2-delta dos VGCC. A entrada de iões de cálcio nos neurónios, através dos VGCC, desencadeia a libertação de neurotransmissores, permitindo que as vesículas se fundam com a membrana celular e libertem neurotransmissores na fenda sináptica.

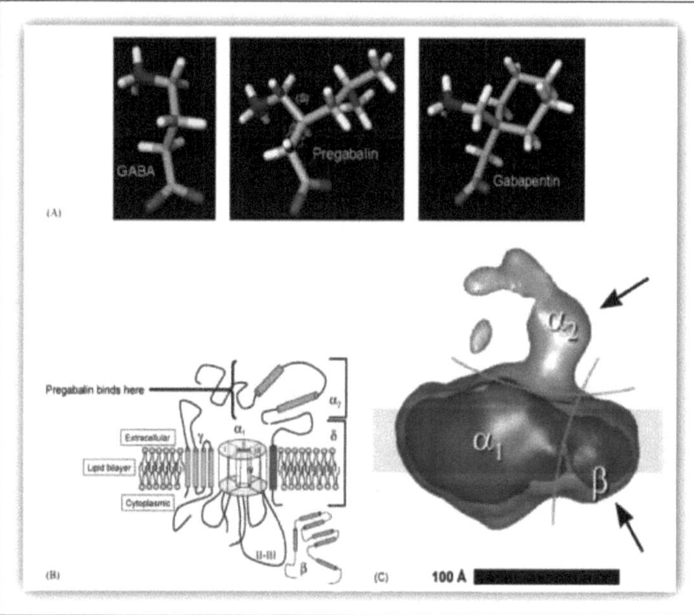

Figura 1

(A) As estruturas químicas (derivadas da análise de cristais de raios X) do GABA, da pregabalina e da gabapentina mostram que o GABA (o principal neurotransmissor inibitório rápido) carece de cadeias alifáticas ligadas na posição 3; estas cadeias são necessárias para a farmacologia da gabapentina e da pregabalina.

(B) A estrutura e a função das subunidades dos canais de cálcio dependentes de voltagem são ilustradas por um diagrama esquemático de um único canal de cálcio, incluindo os quatro domínios homólogos da subunidade ai do canal de cálcio (I-IV), as subunidades extracelulares a2 e 6 26 ligadas, que compreendem a2-6 a proteína com um único domínio transmembranar (vermelho), a subunidade β completamente citosólica (violeta) e a subunidade γ menos bem caracterizada (verde; figura modificada e redesenhada depois de ser mostrado o local de ligação da pregabalina e da gabapentina. (C) Uma análise de imagem por microscopia eletrónica de canais de cálcio purificados bioquimicamente do músculo esquelético de coelho revela uma estrutura tridimensional aproximada de um canal de cálcio (a banda amarela representa a membrana plasmática). As localizações físicas das subunidades a2-6 e β foram identificadas através da ligação de anticorpos específicos, mostrados por setas pretas.

Certos estados patológicos, por exemplo, na epilepsia, em que há um disparo anormal de neurónios, ou na dor neuropática, em que os neurónios foram danificados, fazem com que estes neurónios fiquem sobreexcitados. Nos neurónios sobreexcitados, um influxo excessivo de iões de cálcio resulta numa libertação grande e sustentada de neurotransmissores, incluindo a norepinefrina, o glutamato e a substância P. A ligação potente da pregabalina à subunidade alfa-2-delta do canal de cálcio nos neurónios sobreexcitados reduz o influxo de iões de cálcio,

18

alterando a conformação do canal. Isto resulta numa redução da libertação de neurotransmissores excitatórios. Isto, por sua vez, provoca uma diminuição da estimulação dos receptores pós-sinápticos e restaura os neurónios a um estado fisiológico normal (Fig.2.). É esta diminuição da estimulação que se pensa conferir as propriedades ansiolíticas, bem como a atividade analgésica e anticonvulsivante da pregabalina.

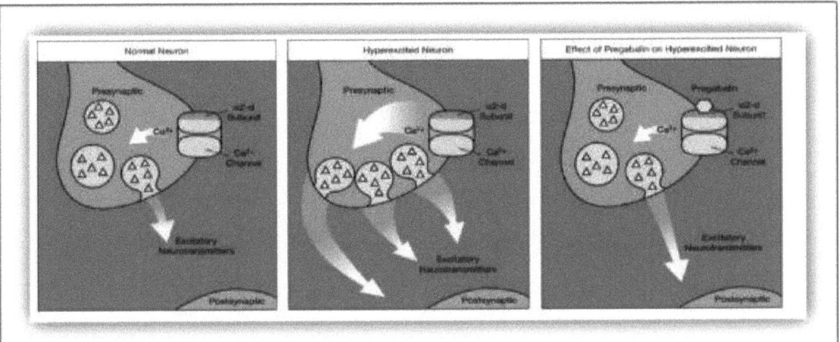

3.2.1 Significado da (S)-Pregabalina[9] :

O ácido Y-aminobutírico (GABA) e o ácido L-glutâmico são os dois principais neurotransmissores que regulam a atividade neuronal no cérebro. O ácido L-glutâmico é um neurotransmissor excitatório, enquanto o GABA é o principal transmissor inibitório. Um desequilíbrio na concentração destes neurotransmissores pode conduzir a estados convulsivos. As convulsões ocorrem quando a concentração de GABA no cérebro desce abaixo de um limiar. No entanto, as convulsões parecem terminar quando os níveis de GABA no cérebro aumentam durante a convulsão. Por conseguinte, é clinicamente relevante poder controlar os estados convulsivos através do controlo do metabolismo do GABA.

A abordagem mais direta para o tratamento das convulsões consiste em administrar GABA a um indivíduo em convulsão. Infelizmente, esta abordagem só funciona se o GABA for injetado diretamente no cérebro de um animal em convulsão, presumivelmente devido à sua incapacidade de atravessar a barreira hemato-encefálica. Uma abordagem alternativa consiste em desenvolver um mimético lipofílico do GABA para contornar este problema. Foram sintetizados vários análogos de 3-alquil GABA e testada a sua atividade anticonvulsivante. Entre eles, o (±)-3-isobutil GABA é de longe o anticonvulsivante mais ativo in vivo desta classe. O (±)-3-isobutil GABA é um ativador da descarboxilase do ácido L-glutâmico (GAD), sendo este efeito apenas significativo em concentrações superiores a 1,0 mM. Assim, a propriedade de ativação da GAD do 3-isobutil GABA não pode explicar a sua atividade anticonvulsivante in vivo.

Um novo local de ligação de gabapentina de alta afinidade e sugeriu que a atividade anticonvulsivante da gabapentina pode ser devida à sua interação neste local. O 3-Isobutil GABA, estando estruturalmente relacionado com a gabapentina, é ativo através da sua interação com este local de ligação. Verificou-se que o (±)-3-isobutil GABA desloca a gabapentina tritiada in vitro com um IC50 de 83nM de gabapentina. Estudos revelaram que este local de ligação é estereoespecífico.

O (S)-enantiómero foi considerado o composto mais potente até agora estudado para a deslocação da gabapentina do local de ligação da gabapentina in vitro, com um IC50 de 37nM. O (R)-enantiómero deslocou a gabapentina a uma concentração muito mais elevada, com um

IC50 de 620nM. A ligação comparativamente fraca do (R)-enantiómero no local de ligação da gabapentina, em comparação com o (S)-enantiómero, ilustra a estereosselectividade deste local.

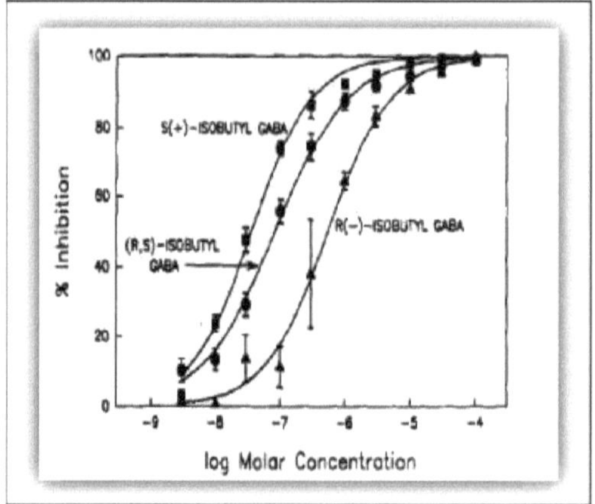

Inibição da ligação da gabapentina pelo racemato e enantiómeros de 3-isobutil GABA.
Os valores de IC50 são: gabapentina 0,08цM, (±)-isobutil GABA 0,083 цM, R-(-)-enantiómero 0,62цM, S-(+)-enantiómero 0,037цM.

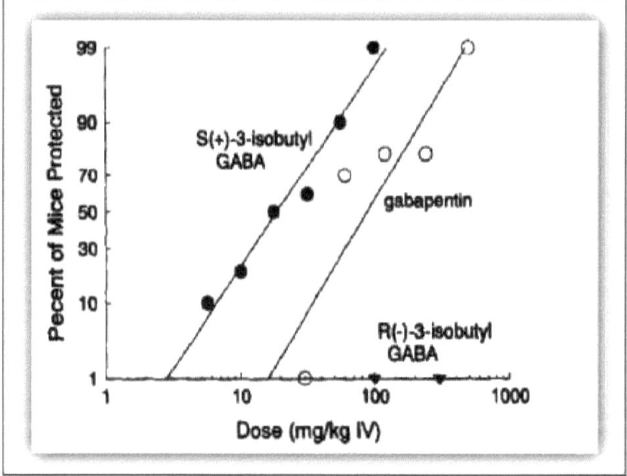

Experiências de dose-resposta com os enatiómeros do 3-isobutil GABA comparadas com as da gabapentina com administração intravenosa a ratinhos. As linhas rectas representam análises probit de melhor ajuste.

CAPÍTULO 4

RESOLUÇÃO QUIRAL DA (S)-PREGABALINA

4.1 PROCESSO DE SÍNTESE DA (S) - PREGABALINA

Domínio da invenção:

A invenção refere-se a um processo novo, económico, ecológico e industrial para a síntese de (SJ-pregabalina.

Historial da invenção: O ácido (S)-3-(aminometil)-5-metil-hexanóico [CAS n.º 148553-50-8], também conhecido como ácido в-isobutil-v-aminobutírico, isobutil-GABA ou pregabalina (I), é um potente anticonvulsivo. Como discutido na Patente dos EUA n.º 5.563.175, a pregabalina exibe atividade anti-convulsiva e é considerada útil para o tratamento de várias outras condições, como dor, fibromialgia, condições fisiológicas associadas a estimulantes psicomotores, inflamação, danos gastrointestinais, insónia, alcoolismo e várias perturbações psiquiátricas, incluindo mania e perturbação bipolar.

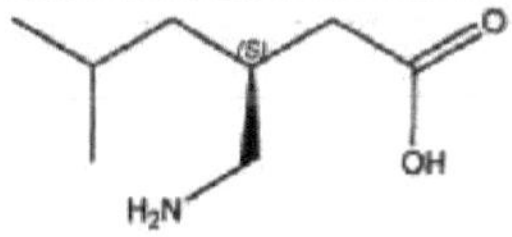

(S)

OH

H₂N

(I)

O ácido (S)-3-ciano-5-metil-hexanóico (II) é um dos principais intermediários para a síntese da (S)-pregabalina. A literatura refere várias abordagens para a síntese do composto (II) racémico e enantiomericamente puro. No entanto, a maioria dos processos tem o inconveniente de utilizar cianeto de potássio ou o seu equivalente durante a síntese, tornando assim o processo não ecológico e benigno para o ambiente.

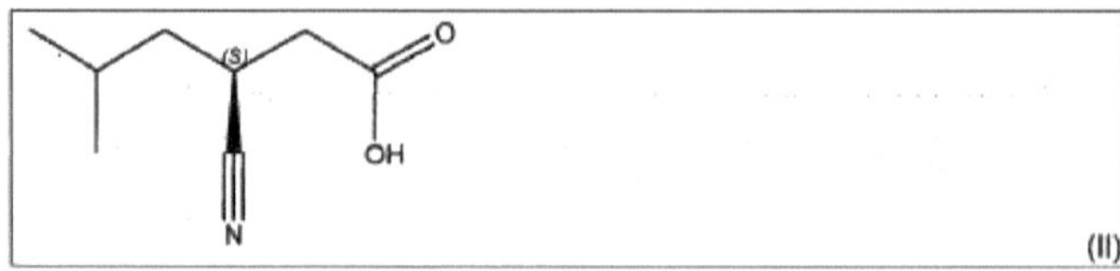

(II)

Além disso, foi desenvolvido um novo processo para a resolução do ácido (RS) - 3-ciano-5-metil-hexanóico através da formação de sais diastereoméricos para obter o ácido (S) - 3-ciano-5-metil-hexanóico. Além disso, foi desenvolvida a recuperação/reutilização do agente de resolução quiral para melhorar a eficiência do processo, a economia de átomos, a eficiência de carbono e o fator de eficácia, reduzindo assim significativamente o custo global da síntese do composto em causa.

Assim, a presente invenção proporciona um processo "verde" melhorado, altamente rentável e fácil de utilizar para o composto do título, satisfazendo assim quase todos os critérios delineados para a "química verde" (Green Chemistry: Theory and Practice Paul T. Anastas e John C. Warner)

A presente invenção diz respeito a;

1) Síntese do succinato de 4-etil-1-metil-2-ciano-2-isobutilo (VII); e do succinato de dietil-2-ciano-2-isobutilo (X) na presença de carbonato de césio e sem solvente, melhorando assim a "ecologia" e a eficiência do processo de síntese do composto em causa.

2) Processo melhorado, económico e de fácil utilização para a síntese do éster etílico do ácido (f?S)-3-ciano-5-metil-hexanóico (XI) a partir do 2ciano-2-isobutilsuccinato de dietilo (X) na presença de cloreto de césio e sulfóxido de dimetilo, melhorando assim a "ecologia" e a eficiência do processo de síntese do composto do título.

3) Processo melhorado, económico e de fácil utilização para a síntese do éster etílico do ácido (RS)-3-ciano-5-metil-hexanóico (XI) a partir do 2ciano-2-isobutilsuccinato de dietilo (X) na presença de carbonato de césio/tiol e dimetilformamida, melhorando assim a eficiência do processo de síntese do composto do título.

4) Processo fácil de operar à escala industrial para a síntese do éster etílico do ácido (RS)-3-ciano-5-metil-hexanóico (XI) a partir do 1 -metil-2-isobutilsuccinato de 4-etilo (VII), melhorando assim o "consumo de energia" e a "economia de átomos" do processo de síntese do composto em causa.

5) Síntese de um novo composto, a adição 2-ciano-2-isobutilsuccínica (XVI), a partir do succinato de 4-etil-1-metilo 2-ciano-2-isobutilo (VII) ou do succinato de dietilo 2-ciano-2-isobutilsuccinato (X), através de uma hidrólise catalisada por uma base.

6) Processo eficiente para a conversão do ácido (RS)-2-ciano-2-isobutilsuccínico (XVI) em ácido (RS)-3-ciano-5-metil hexanóico (XII) por descarboxilação catalisada por ácido.

Resolução do ácido (RS)-3-ciano-5-metil-hexanóico (XII) para obter o ácido (S)-3-ciano-5-metil-hexanóico (II) enantiomericamente puro através da formação de um sal diastereomérico com a cinchonidina (XIII).

Síntese de (S)-Pregabalina a partir do ácido (S)-3-ciano-5-metil hexanóico (II) por hidrogenação na presença de catalisadores metálicos do grupo VIII, como o níquel e a platina.

9) Recuperação e reutilização do agente de resolução, ou seja, a cinchonidina (XIII)

Objectivos da invenção:

O objetivo da presente invenção é proporcionar a resolução do ácido (RS)-3-ciano-5-metil-hexanóico (XII) através da formação de sais diastereoméricos com a cinchonidina (XIII) para obter o ácido (S)-3-ciano-5-metil-hexanóico (II) opticamente puro, com excelente rendimento e elevada pureza ótica (99 % ee) e a sua posterior conversão em (S)-pregabalina (I) com elevado rendimento e elevada pureza ótica (>99 % ee).

Um outro objetivo da presente invenção é a síntese do novo composto succinato de 4-etil-1-metil-2-ciano-2-isobutilo (VII) através de um novo método e a sua posterior conversão em (S)-pregabalina (I).

Um outro objetivo da presente invenção é a síntese do 2-cyano-2-isobutilsuccinato de dietilo (X) através de um método sem solventes, ecológico, amigo do ambiente e novo.

Um outro objetivo da presente invenção é o aumento da taxa de descarboxilação do 2ciano-2-isobutilsuccinato de dietilo (X) para obter o éster etílico do ácido (f?S)-3-ciano-5-metil hexanóico (XI).

Outro objetivo da presente invenção é investigar o efeito do comprimento da cadeia de carbono dos substratos na descarboxilação. A descarboxilação do 2-ciano-2-isobutilsuccinato de 4-etil-1-metilo (VII) para obter o éster etílico do ácido (RS)-3-ciano-5-metil-hexanóico (XI) requer uma temperatura de reação de cerca de 140 °C, ao passo que, para a descarboxilação do éster etílico do ácido dietil-2

ciano-2-isobutil succinato (X) para obter um éster etílico do ácido (RS)-3-ciano-5-metil hexanóico (XI) requer uma temperatura de reação de cerca de 170 °C.

Outro objetivo da presente invenção é a síntese do novo composto ácido 2-ciano- 2-isobutilsuccínico (XVI) através de um novo método e a sua posterior conversão em ácido (S)-3-ciano-5-metil-hexanóico (II)

Um objetivo igualmente importante da presente invenção é fornecer um processo para a recuperação do agente de resolução, ou seja, a cinchonidina (XIII), através da basificação e reutilização da cinchonidina (XIII) recuperada, melhorando assim a economia de átomos, a eficiência do processo e, consequentemente, o custo.

Resumo da invenção:

A presente invenção tem por objetivo a síntese do (S)-Pregabaliri. A invenção é resumida abaixo no esquema A e no esquema B.

No esquema A, são apresentadas representações esquemáticas pormenorizadas do processo melhorado para a síntese do ácido (RS)-3-ciano-5-metil hexanóico (XII) e posterior conversão em (S)-pregabalina (I).

No esquema B, são apresentadas representações esquemáticas pormenorizadas da resolução do ácido (S)-3-ciano-5-metil-hexanóico (XII) através da formação de um sal diastereomérico com a cinchonidina (XIII) para obter o ácido (S)-3-ciano-5-metil-hexanóico (II) e o método de recuperação e reutilização da cinchonidina (XIII).

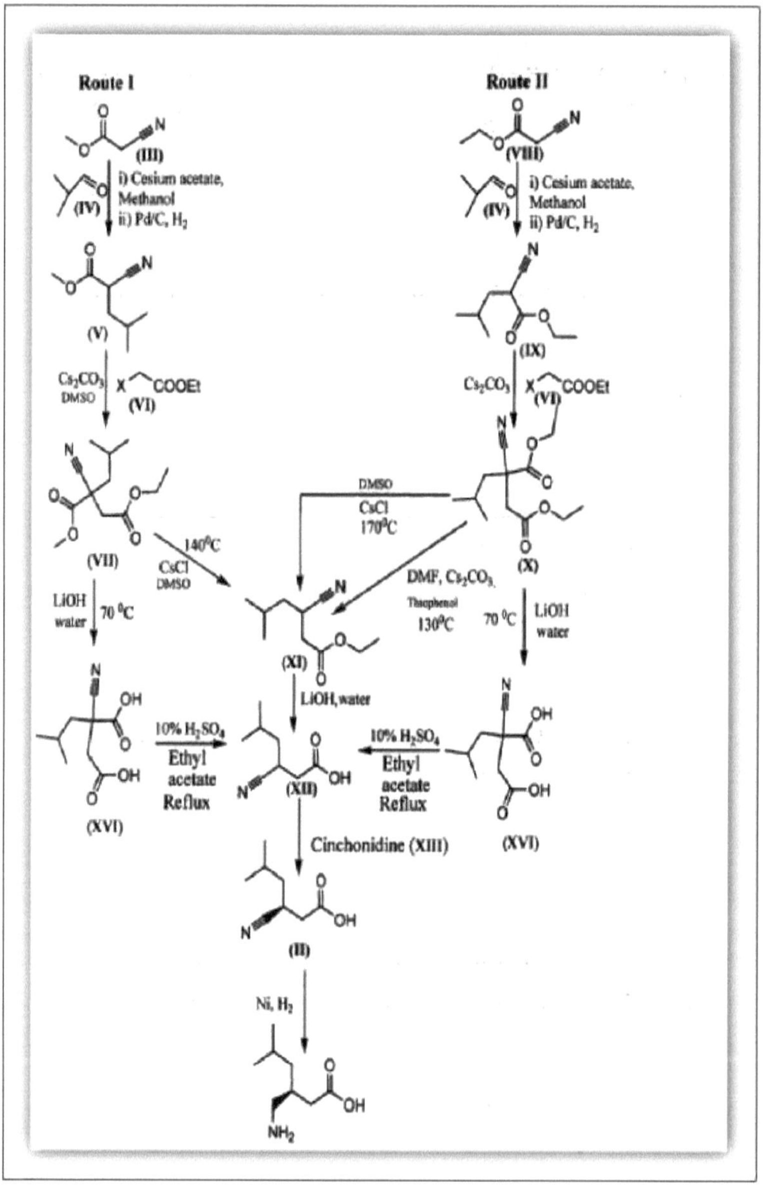

Route I
Route II
(III)
(VIII)
i) Cesium acetate, Methanol
ii) Pd/C, H2
(IV)
(V)
(IX)
Cs2CO3 DMSO
X COOEt
(VI)
(VII)
(X)
DMSO CsCl 170⁰C
140⁰C CsCl DMSO
DMF, Cs2CO3, Thiophenol 130⁰C
LiOH water 70 ⁰C
(XI)
LiOH, water
(XVI)
10% H2SO4 Ethyl acetate Reflux
(XII)
Cinchonidine (XIII)
(II)
Ni, H2

(I)

Esquema(A)

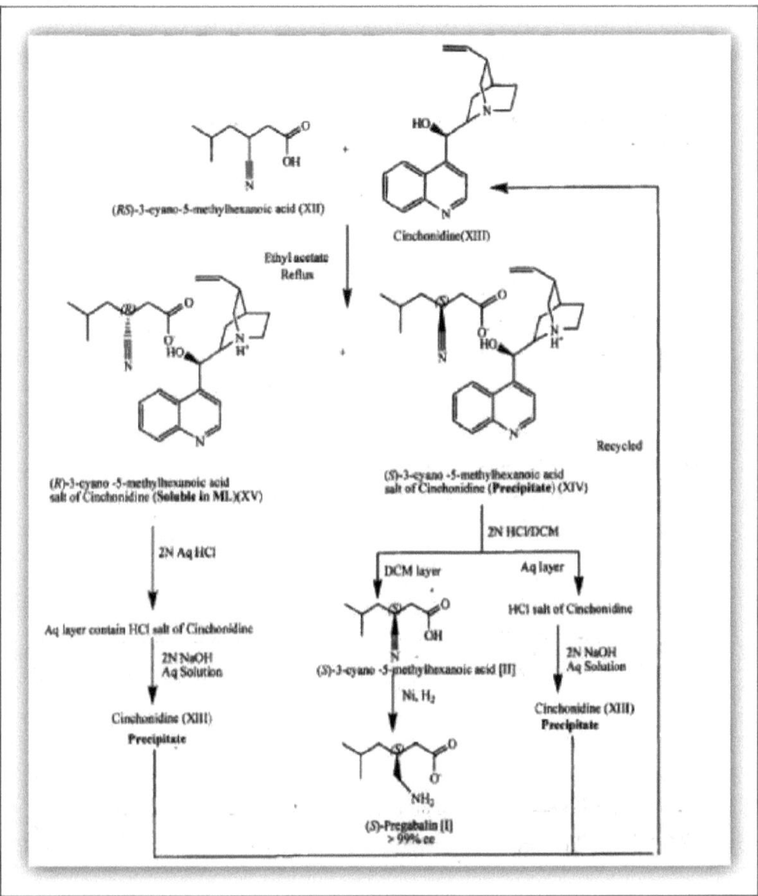

Esquema B A) Processos de preparação da (S)-pregabalina (I) a partir do ácido (S)-3-ciano-5-metil-hexanóico (II).

Este objetivo foi alcançado através de duas vias:

Via I: O composto (V) foi preparado por condensação do 2-metil-propionaldeído (IV) com o éster metílico do ácido cianoacético (III) na presença de acetato de césio, seguida de hidrogenação com um catalisador de paládio sobre carvão. O composto (V) reagiu ainda com o éster etílico do ácido haloacético (VI) na presença de carbonato de césio, sem solvente ou, opcionalmente, num solvente orgânico, como o dimetilsulfóxido, para obter succinato de 4-etil-1-metil-2-ciano-2-isobutilo (VII). O composto (VII) foi então tratado com cloreto de césio em solvente orgânico, como o dimetilsulfóxido, para obter o éster etílico do ácido 3-ciano-5-metil-hexanóico (XI), que foi posteriormente convertido em ácido (f?S)-3-ciano-5-metil-hexanóico (XII) por hidrólise com hidróxido de lítio.

Em alternativa, o composto (VII) foi convertido no composto (XVI) através de hidrólise catalisada por uma base e posteriormente descarboxilado para obter o ácido (RS)-3-ciano-5-

metil-hexanóico (XII) na presença de um ácido mineral, como o ácido sulfúrico, num solvente orgânico, como o acetato de etilo.

O ácido 3-ciano-5-metil-hexanóico racémico (XII) foi resolvido através da formação de sal diastereomérico com cinchonidina (XIII) para obter o ácido (S)-3-ciano-5-metil-hexanóico (II). O composto (II) foi convertido no composto (I) através de hidrogenação na presença de Raney Nickel.

Via II: O composto (IX) foi preparado por condensação do 2-metil-propionaldeído (IV) com o éster etílico do ácido cianoacético (VIII) na presença de acetato de césio, seguida de hidrogenação com um catalisador de paládio sobre carvão. O composto (IX) reagiu ainda com o éster etílico do ácido haloacético (VI) na presença de carbonato de césio, sem qualquer solvente ou, opcionalmente, num solvente orgânico, como o dimetilsulfóxido, para obter o 2-ciano-2-isobutilsuccinato de dietilo (X). O composto (X) foi então tratado com carbonato de césio e tiofenol num solvente orgânico como a JI/,/V-dimetilformamida para obter o éster etílico do ácido 3-ciano-5-metil-hexanóico (XI) ou, em alternativa, o composto (XI) foi também obtido através da descarboxilação em solvente orgânico, como o dimetilsulfóxido, do 2ciano-2-isobutilsuccinato de dietilo (X) na presença de cloreto de césio, que foi posteriormente convertido em ácido 3-ciano-5-m-etil-hexanóico (XII) através de hidrólise catalisada por uma base.

Em alternativa, o composto (X) foi também convertido no composto (XVI) através de hidrólise catalisada por uma base, que foi posteriormente descarboxilado para dar o ácido (RS)-3-ciano-5-metil-hexanóico (XII) na presença de ácido mineral e em solvente orgânico, como o acetato de etilo.

O ácido (RS)-3-ciano-5-metil-hexanóico (XII) foi resolvido através da formação de sal diastereomérico com cinchonidina (XIII) para obter o ácido (S) 3-ciano-5-metil-hexanóico (II). O composto (II) foi convertido no composto (I) através de hidrogenação na presença de Raney Nickel.

B) Os processos de resolução do ácido (RS)-3-ciano-5-metil-hexanóico (XII) para obter o ácido (S)-3-ciano-5-metil-hexanóico (II) através da formação de sal diastereomérico com a cinchonidina (XIII).

A resolução do ácido 3-ciano-5-metil-hexanóico racémico (XII) através da formação de sais diastereoméricos com cinchonidina (XIII) está representada no esquema B. O ácido (f?S)-3-ciano-5-metil-hexanóico (XII) foi refluxado com cinchonidina (XIII) em solventes orgânicos, como o acetato de etilo. Durante a reação, o sal do ácido (S)-3-ciano-5-metil-hexanóico da cinchonidina (XIV) precipitou e o sal do ácido (R)-3-ciano-5-metil-hexanóico da cinchonidina (XV) permaneceu solúvel em acetato de etilo. O ácido (S)-3-ciano-5-metil-hexanóico (II) foi obtido a partir do sal do ácido (S)-3-ciano-5-metil-hexanóico da cinchonidina (XIV) por decomposição em mistura bifásica de ácido mineral aquoso, como ácido clorídrico aquoso diluído, e solvente orgânico, como acetato de etilo, diclorometano, éter metilterbutílico; de preferência, acetato de etilo. A cinchonidina (XIII) da solução ácida aquosa foi também recuperada por basificação e reutilizada para melhorar a economia atómica global e a eficiência do processo.

A invenção pode ser descrita resumidamente da seguinte forma:

O primeiro aspeto da invenção é um processo de síntese da pregabalina (I)

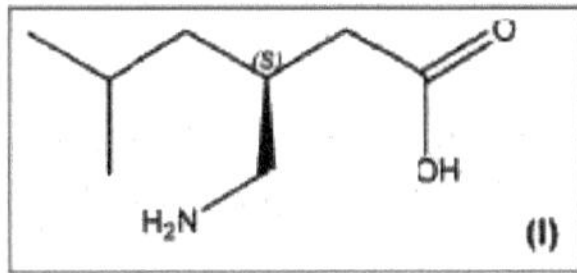

de éster alquílico do ácido cianoacético de fórmula (A)

Em que,
R = CH3 : Composto Ш
R = C2H5: Composto VIII
Composto por,

a) condensação do 2-metil-propionaldeído (IV) com o éster alquílico do ácido cianoacético (A) na presença de uma base orgânica ou inorgânica, como o acetato de piperidínio, o acetato de césio, e posterior hidrogenação utilizando catalisadores de metais nobres, como o óxido de platina, o paládio sobre carbono, o hidróxido de paládio sobre carbono e também com níquel Raney em solventes polares, como o metanol etanol, água, 1,4-dioxano, tetra-hidrofurano, dimetoxi etano e diglimo sob pressão de hidrogénio de cerca de 1 kg/cm^2 a 5 kg/cm^2 com subsequente isolamento do produto éster alquílico do ácido 2-ciano-4-metil-pentanóico (B) em forma de solução do catalisador por filtração;

b) reação do composto de fórmula (B) com o éster etílico do ácido haloacético (VI), em que o grupo halo inclui o cloro, o bromo e o iodo, na presença de uma base, como o carbonato de sódio, o carbonato de potássio ou o carbonato de césio, de preferência carbonato de césio, sem solvente ou num solvente orgânico selecionado de entre N,/V-dimetilformamida tetra-hidrofurano, 1,4-dioxano, dimetilsulfóxido e dimetoxietano, de preferência N,/V-dimetilformamida e dimetilsulfóxido, a uma temperatura compreendida entre 10 e 90 °C, para obter 1-alquil-2-loreto de 4-etilo, cloreto de potássio ou cloreto de sódio num solvente orgânico, como o dimetilsulfóxido, a uma temperatura compreendida entre 130 e 180 °C

Reação do composto de fórmula (C) com carbonato de césio e tiol a uma temperatura de cerca de 130 - 150°C para obter (RS)-3-ciano-5-

d) hidrólise do composto (XI) na presença de uma base, como hidróxido de lítio, hidróxido de potássio ou hidróxido de sódio, de preferência com hidróxido de lítio, a uma temperatura de °C, para obter o ácido (RS)-3-ciano-5-metil-hexanóico (XII);

e) Tratamento do composto (XII) com cinchonidina (XIII) na presença de solventes orgânicos, como metanol, etanol, 1,4-dioxano, acetato de etilo, tetra-hidrofurano, 2-metil tetra-hidrofurano, dimetoxi etano e diglimo, a uma temperatura de cerca de 20°C a 80°C, para precipitar o sal do ácido (S) 3-ciano-5-metil-hexanóico da cinchonidina (XIV) seguida de separação do composto (XIV) através de técnicas de separação conhecidas, tais como filtração, centrifugação, sedimentação, seguida de purificação opcional do sal do ácido (S)-3-ciano-5-metil-hexanóico da cinchonidina (XIV) em acetato de etilo ou através da formação de resaltos

tratamento do sal (S) do ácido 3-ciano-5-metil-hexanóico da cinchonidina (XIV) com uma mistura bifásica de acetato de etilo e ácido clorídrico diluído (1:1) à temperatura ambiente para obter o ácido (S)-3-ciano-5-metil-hexanóico (II) a partir da camada de acetato de etilo, opcionalmente acompanhado da recuperação da cinchonidina (XIII) da fase aquosa por basificação com hidróxido de sódio ou hidróxido de potássio;

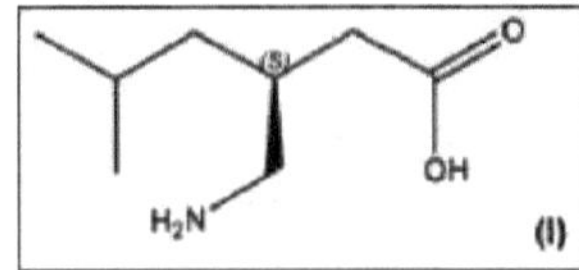

(XIV)

g) Hidrogenação do ácido (S) - 3-ciano-5-metil-hexaóico (II) opticamente puro em presença de níquel Raney.

de modo a que, em cada etapa, os produtos intermédios sejam opcionalmente isolados e purificados por processos adequados.

Um outro aspeto da invenção é um processo de síntese da pregabalina (I)

de éster alquílico do ácido cianoacético de fórmula (A)

Em que,

R = CH3 : Composto III

R = C2H5: composto VIII constituído por,

a) condensação do 2-metil-propionaldeído (IV) com o éster alquílico do ácido cianoacético (A) na presença de uma base orgânica ou inorgânica, como o acetato de piperidínio ou o acetato de césio, e posterior hidrogenação utilizando catalisadores de metais nobres, como o óxido de platina, o hidróxido de paládio sobre carbono hidróxido de paládio sobre carbono e também com níquel Raney em solventes polares como metanol, etanol, água, 1,4-dioxano, tetra-hidrofurano, dimetoxi etano e diglimo sob pressão de hidrogénio de cerca de 1 kg/cm^2 a 5 kg/cm^2 com subsequente isolamento do produto éster alquílico do ácido 2-ciano-4-metil-pentanóico (B) em forma de solução do catalisador por filtração;

b) reação do composto de fórmula (B) com o éster etílico do ácido haloacético (VI'), em que o grupo halo inclui o cloro, o bromo e o iodo, na presença de uma base como o carbonato de sódio, o carbonato de potássio ou o carbonato de césio, de preferência carbonato de césio sem solvente ou num solvente orgânico selecionado de entre N /V-dimetilformamida, tetrahidrofurano, 1,4-dioxano, dimetilsulfóxido e dimetoxietano, de preferência N,/V-dimetilformamida e dimetilsulfóxido, a uma temperatura compreendida entre 10 e 90 °C, de modo a obter o 1-alquil-2-ciano-2-isobutilsuccinato de 4-etilo (C);

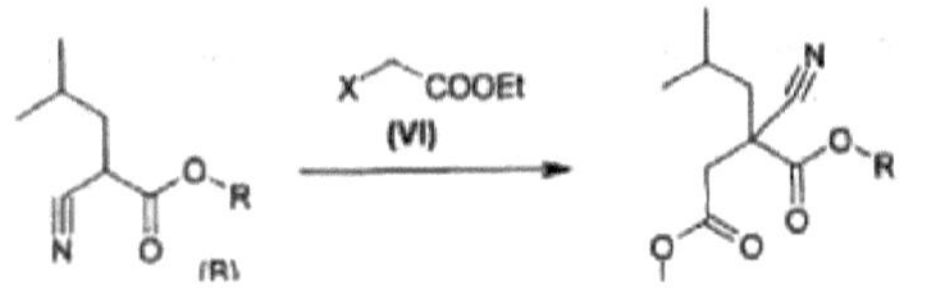

c) hidrólise do composto C na presença de uma base, como hidróxido de lítio, hidróxido de potássio ou hidróxido de sódio, de preferência hidróxido de lítio, a uma temperatura compreendida entre 20 °C e 80 °C, de preferência entre 65 °C e 70 °C, para obtenção do ácido 2-ciano-2-isobutilsuccínico (XVI)

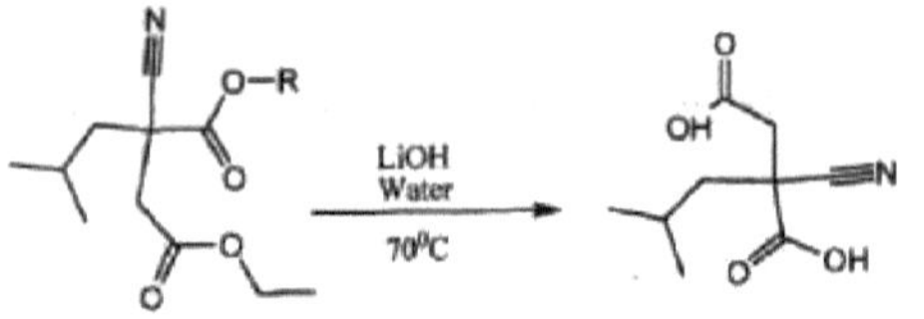

(XVI)

d) O composto (XVI) foi descarboxilado na presença de ácido mineral, como o ácido sulfúrico, em solvente orgânico, como o acetato de etilo, para obter o composto (XII) a uma temperatura de cerca de 70 a 80 °C.

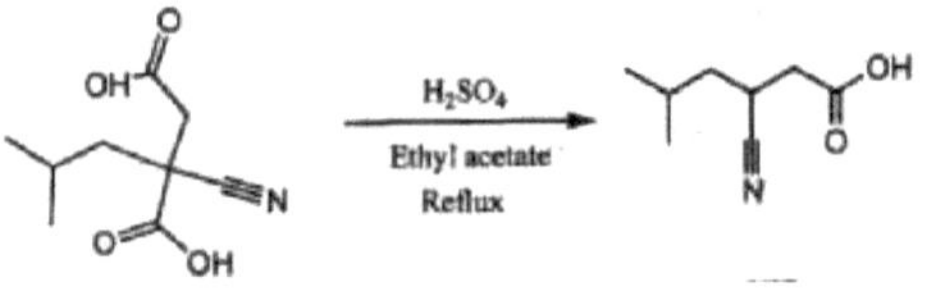

(XVI) (XII)

e) tratamento do composto (XII) com cinchonidina (XIII) na presença de solventes orgânicos, como metanol, etanol, 1,4-dioxano, acetato de etilo, tetra-hidrofurano, 2-metil tetra-hidrofurano, dimetoxi etano e diglimo, a uma temperatura de cerca de 20 °C a 80 °C, para precipitar o sal do ácido (S) 3-ciano-5-metil-hexanóico da cinchonidina (XIV) seguida da separação do composto (XIV) através de técnicas de separação conhecidas, tais como filtração, centrifugação, sedimentação, seguida da purificação opcional do sal do ácido (S)-3-ciano-5-metil-hexanóico da cinchonidina (XIV) em acetato de etilo ou através da formação de resaltos;

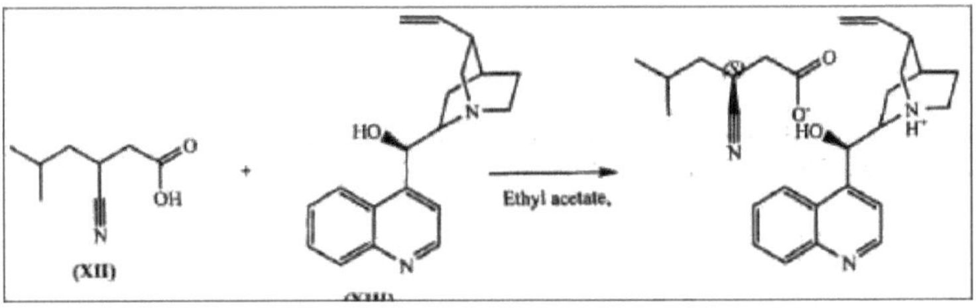

f) tratamento do sal (S) do ácido 3-ciano-5-metil-hexanóico da cinchonidina (XIV) com uma mistura bifásica de acetato de etilo e ácido clorídrico diluído (1:1) à temperatura ambiente para obter o ácido (S)-3-ciano-5-metil-hexanóico (II) a partir da camada de acetato de etilo, opcionalmente acompanhado da recuperação da cinchonidina (XIII) da fase aquosa por basificação com hidróxido de sódio ou hidróxido de potássio;

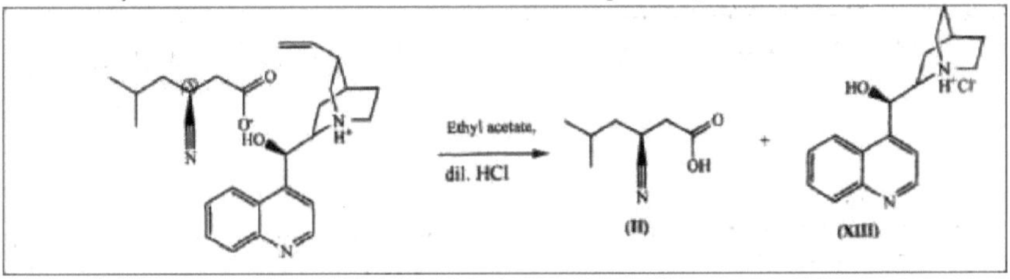

g) hidrogenação do ácido (S) - 3-ciano-5-metil-hexanóico (II) opticamente puro na presença de níquel Raney.

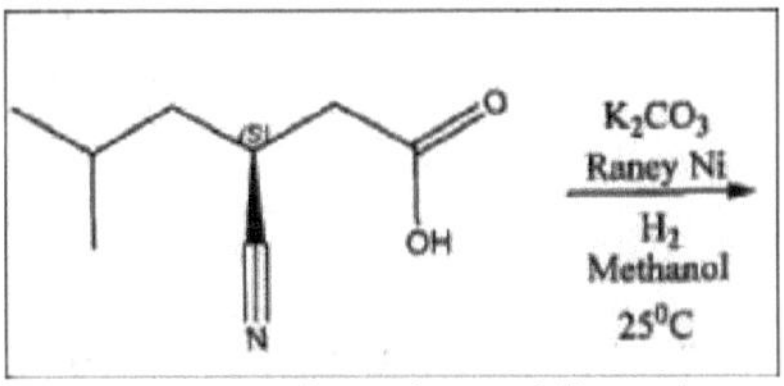

de modo a que, em cada etapa, os produtos intermédios sejam opcionalmente isolados e purificados por processos adequados.

Um outro aspeto da invenção é um processo de síntese da pregabalina (I)

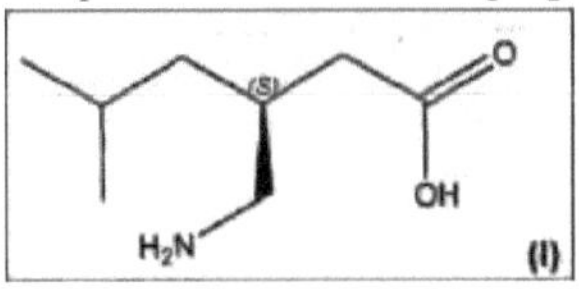

do ácido (?S)-3-ciano-5-metil-hexanóico (XII);

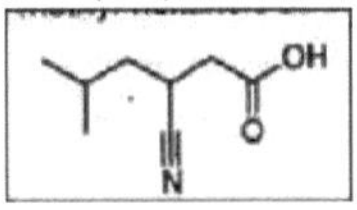

(XII)
que compreende;

a) tratamento do composto (XII) com cinchonidina (XIII) na presença de solventes orgânicos, como metanol, etanol, 1,4-dioxano, acetato de etilo, tetrahidiOfurano, 2-metil tetrahidrofurano, dimetoxi etano e diglimo, a uma temperatura de cerca de 20°C a 80°C, para precipitar o sal do ácido (S) 3-ciano-5-metil-hexanóico da cinchonidina (XIV) seguida da separação do composto (XIV) através de técnicas de separação conhecidas, tais como filtração, centrifugação, sedimentação, seguida da purificação opcional do sal do ácido (S)-3-ciano-5-metil-hexanóico da cinchonidina (XIV) em acetato de etilo ou através da formação de resaltos;

b) tratamento do sal (S) do ácido 3-ciano-5-metil-hexanóico da cinchonidina (XIV) com uma mistura bifásica de acetato de etilo e ácido clorídrico diluído (1:1) à temperatura ambiente para obter o ácido (S)-3-ciano-5-metil-hexanóico (II) a partir da camada de acetato de etilo, opcionalmente acompanhado da recuperação da cinchonidina (XIII) da fase aquosa por basificação com hidróxido de sódio ou hidróxido de potássio;

(XIV)
c) hidrogenação do ácido (S) - 3-ciano-5-metil-hexanóico (II) opticamente puro na presença de níquel Raney.

de modo a que, em cada etapa, os produtos intermédios sejam opcionalmente isolados e purificados por processos adequados.

Descrição pormenorizada da invenção;

A presente invenção prevê

i) Resolução através da formação de sal di-éster eomérico entre o ácido (RS)-3-ciano-5-metil-hexanóico (XII) e a cinchonidina (XIII) para obter o ácido (S)-3-ciano-5-metil-hexanóico (II) opticamente puro, com excelente rendimento e elevada pureza ótica (>99 % ee), e posterior

32

conversão em (S)-pregabalina (I), com elevado rendimento e elevada pureza ótica (>99 % ee).

C) Síntese do novo composto succinato de 4-etil-1-metil-2-ciano-2-isobutilo (VII) através de um novo método como intermediário para o composto do título.

iii) Um novo método para a descarboxilação do 1 -metil-2-ciano-2-isobutilsuccinato de 4-etilo [VII] e do succinato de dietilo-2-ciano-2-isobutil [X] na presença de tiol/carbonato de césio.

iv) Processo verde, amigo do ambiente e isento de solventes para a síntese do 2-ciano-2-isobutilsuccinato de dietilo (X).

v) Síntese do novo composto ácido 2-ciano-2-isobutilsuccínico (XVI) através de um novo método como intermediário para o composto do título.

vi) Um novo método de descarboxilação do ácido 2-ciano-2-ispbutylsuccínico

(XVI) em presença de um ácido mineral, como o ácido sulfúrico, e de um solvente orgânico, como o acetato de etilo.

vii) Um método para a recuperação da cinchonidina (XIII) através da basificação e utilização da cinchonidina recuperada (XIII) para a resolução do ácido (RS) - 3-ciano-5-metil-hexaóico (XII), melhorando assim a eficiência do processo e, consequentemente, o seu custo.

A) Processo de síntese do ácido (RS) 3-ciano-5-metil-hexanóico de fórmula (XII)

Rota I:

1) Um processo para a síntese do ácido (RS) 3-ciano-5-metil-hexanóico de fórmula (XII)

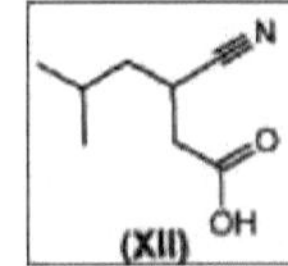

a partir do éster metílico do ácido cianoacético de fórmula (III)

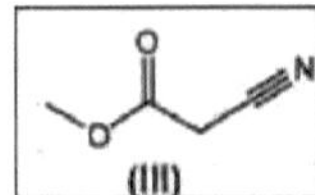

que compreende,

a) condensação do 2-metil-propionaldeído (IV) com o éster metílico do ácido cianoacético (III) na presença de uma base orgânica ou inorgânica, como o acetato de piperidínio ou o acetato de césio, e posterior hidrogenação utilizando catalisadores de metais nobres, como o óxido de platina, o hidróxido de paládio sobre carbono hidróxido de paládio sobre carbono e também com níquel de Raney, de preferência paládio sobre carbono e hidróxido de paládio sobre carbono, em solventes polares, tais como metanol, etanol, água, 1,4-dioxano, tetra-hidrofurano, dimetoxi etano e diglimo, de preferência metanol, sob pressão de hidrogénio de cerca de 1 kg/cm^2 a 5 kg/cm^2 , de preferência cerca de 2 kg/cm^2 , com subsequente isolamento do produto em forma de solução do catalisador por filtração;

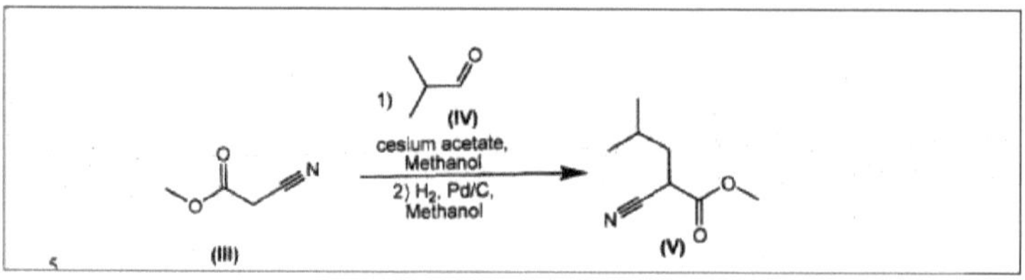

b)   reação do composto de fórmula (V) com o éster etílico do ácido haloacético (VI), em que o grupo halo inclui o cloro, o bromo e o iodo, na presença de uma base, como o carbonato de sódio, o carbonato de potássio ou o carbonato de césio, de preferência carbonato de césio, sem solvente ou, opcionalmente, num solvente orgânico selecionado de entre N, /V-dimetilformamida, tetrahidrofurano, 1,4-dioxano, dimetilsulfóxido e dimetoxietano, de preferência N,A/dimetilformamida e dimetilsulfóxido, mais preferivelmente dimetilsulfóxido, a uma temperatura compreendida entre 10 °C e 90 °C, de preferência 50 °C e 60 °C, para obter o 4-etil-1-metil-2-ciano-2-isobutilsuccinato (VII).

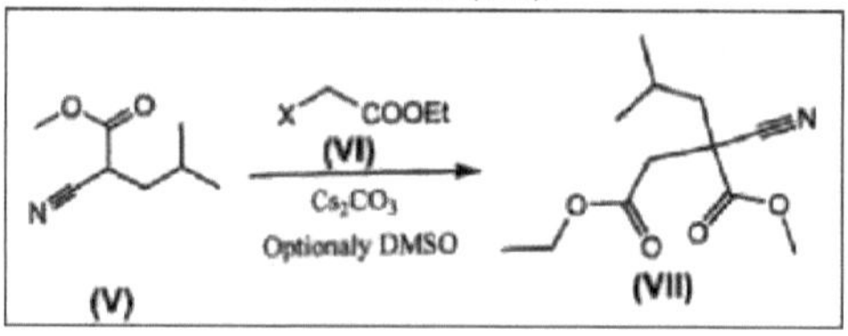

c)   reação do composto (VII) com cloreto de césio, cloreto de potássio ou cloreto de sódio, de preferência com cloreto de césio, num solvente orgânico, como o dimetilsulfóxido, a uma temperatura de cerca de 130°C a 150°C, de preferência de 140°C a 145°C, para obter o éster etílico do ácido (RS)-3-ciano-5-metil-hexanóico (XI);
IB2011/000480
22

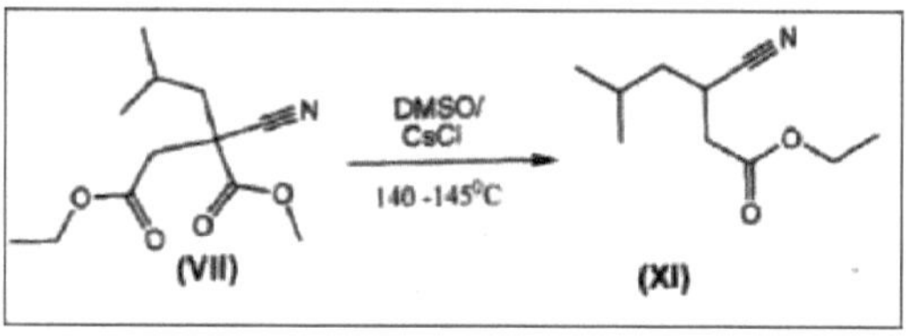

d)   hidrólise do composto XI na presença de uma base, como hidróxido de lítio, hidróxido de potássio ou hidróxido de sódio, de preferência com hidróxido de lítio, a uma temperatura compreendida entre 20 °C e 80 °C, de preferência entre 50 °C e 60 °C, para obter o ácido (RS)-3-ciano-5-metil-hexanóico (XII)

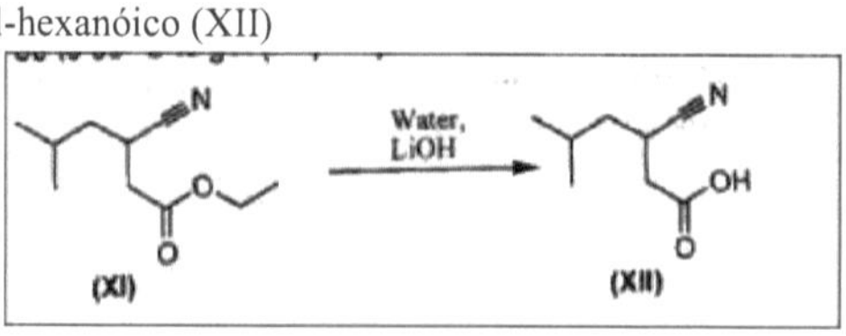

de modo a que, em cada etapa, os produtos intermédios sejam opcionalmente isolados e purificados por processos adequados.

2)   Um processo para a síntese do ácido (RS) 3-ciano-5-metil-hexanóico de fórmula (XII)

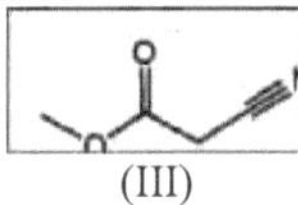

a partir do éster metílico do ácido cianoacético de fórmula (III)

(III)

que compreende,

a)   O composto (VII) foi obtido de acordo com o processo descrito nas etapas "a" e "b" da parte da via I.

b)   hidrólise do composto (VII) na presença de uma base, como hidróxido de lítio, hidróxido de potássio ou hidróxido de sódio, de preferência com hidróxido de lítio, a uma temperatura compreendida entre 20 e 80 °C, de preferência entre 65 e 70 °C, para obter o ácido 2-ciano-2-isobutilsuccínico (XVI)

c)   o composto (XVI) foi descarboxilado na presença de um ácido mineral, como o ácido sulfúrico, num solvente orgânico, como o acetato de etilo, para obter o composto (XII) a uma temperatura de cerca de 70 a 80 °C; ou descarboxilado através de métodos conhecidos, como a descarboxilação catalisada por uma base (J.Org. Chem, 1961 , 83, 2354)

Rota II:

1) Processo de síntese do ácido {RS) 3-ciano-5-metil-hexanóico de fórmula (XII)

35

a partir de éster etílico do ácido cianoacético de fórmula (VIII)

(VIII)

que compreende,

a)   condensação do 2-metil-propionaldeído (IV) com o éster etílico do ácido cianoacético (VIII) na presença de uma base orgânica ou inorgânica, como o acetato de piperidínio ou o acetato de césio, e posterior hidrogenação utilizando catalisadores de metais nobres, como o óxido de platina, o hidróxido de paládio sobre carbono e o hidróxido de paládio sobre carbono, bem como com o níquel de Raney, de preferência paládio sobre carbono e hidróxido de paládio sobre carbono, num solvente polar, como o metanol, o etanol e o 1,4 dioxano, hidróxido de paládio sobre carbono e também com níquel Raney, de preferência paládio sobre carbono e hidróxido de paládio sobre carbono, em solventes polares, tais como metanol, etanol, 1,4-dioxano, tetra-hidrofurano, dimetoxi etano e diglimo, de preferência metanol, sob pressão de hidrogénio de cerca de 1 kg/cm^2 a 5 kg/cm^2 , de preferência cerca de 2 kg/cm^2 .

b)   Os grupos halo das bactérias incluem o cloro, o bromo e o iodo, na presença de bases como o carbonato de potássio, o carbonato de sódio e o carbonato de césio, de preferência carbonato de césio, sem solvente ou, opcionalmente, num solvente orgânico selecionado de N,/V-dimetilformamida, tetrahidrofurano 1,4-dioxano, dimetilsulfóxido e dimetoxietano, de preferência N,/V-dimetilformamida e dimetilsulfóxido, mais preferivelmente dimetilsulfóxido, a uma temperatura compreendida entre 10 e 80 °C, de preferência entre 50 e 60 °C, para obter 2-ciano-2-isobutilsuccinato de dietilo (X).

(IX)(X)

Observou-se que a taxa de reação foi mais rápida na presença de carbonato de césio do que na presença de carbonato de potássio e carbonato de sódio e também vale a pena notar que a temperatura de reação com carbonato de césio foi muito mais baixa do que com carbonato de potássio e carbonato de sódio; os detalhes estão resumidos na Tabela 1. Assim, a utilização de carbonato de césio torna o processo mais ecológico e aumenta a eficiência do processo; além disso, a reação foi realizada sem a utilização de qualquer solvente orgânico, o que resultou numa diminuição global do custo do processo para a síntese do composto do título.

Tabela 1: Efeito dos carbonatos de metais alcalinos na síntese do composto [X]

N.º Sr.*	Base	Temperatura	Tempo de	Aspeto ou

		de reação (^{B}C)	reação (min)	produto
1	Carbonato de césio	60	60	Óleo amarelo claro
2	Carbonato de potássio	SO	130	U3/K DrOWn Óleo
	Carbonato de sódio	90	180 (a reação não foi Eu completo)	▪ ~

c) reação do composto (X) com cloreto de metais alcalinos, tais como cloreto de sódio, cloreto de potássio, cloreto de césio, de preferência cloreto de césio, num solvente orgânico, tal como dimetilsulfóxido, a uma temperatura de cerca de 140°C a 180° C, de preferência a 160°G a 170°C, para obter o éster etílico do ácido 3-ciano-5-metil-hexanóico (XI).

Observou-se que a taxa de descarboxilação de Krapcho na presença de cloreto de césio é elevada em comparação com o cloreto de potássio e o cloreto de sódio.

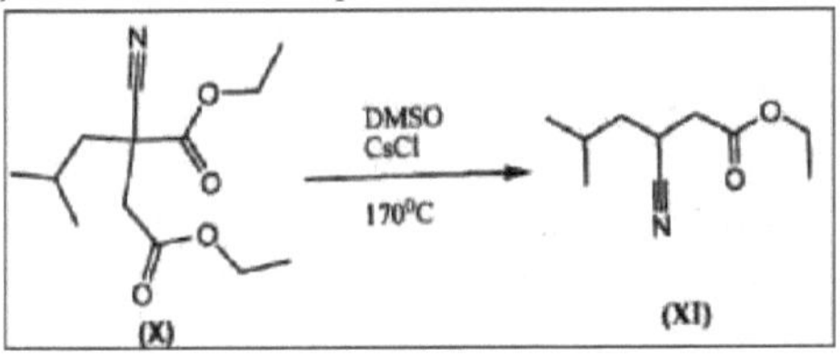

Ou

reação do composto (X) com tiol/carbonato de césio num solvente orgânico, como a N,N-dimetilformamida, a uma temperatura compreendida entre 130 °C e 150 °C, de preferência entre 130 °C e 140 °C, para obter o éster etílico do ácido 3-ciano-5-metil-hexanóico (XI), sendo o tiol obtido a partir do tiofenol ou do dietilamino etanotiol; de preferência, do tiofenol.

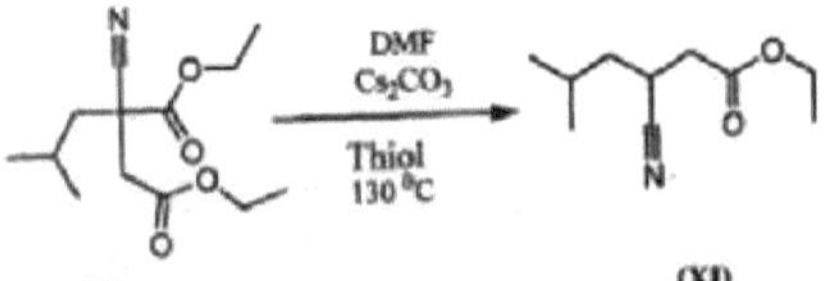

A literatura refere a descarboxilação de ésteres activados na presença de tiol/carbonato de césio (J. Org. Chem. 1986, 51, 3165-31369) para substâncias benzílicas, mas não há qualquer relato de descarboxilação do composto (X) ou de substâncias semelhantes na presença de tiol/carbonato de césio.

A descarboxilação do composto (X) na presença de tiol/carbonato de césio foi efectuada a uma temperatura mais baixa em comparação com a descarboxilação na presença de cloreto de metal alcalino/DMSO, o que resulta numa diminuição global do consumo de energia, reduzindo assim o custo global do processo de síntese do composto em causa.

c) O composto (XVI) foi descarboxilado na presença de um ácido mineral, como o ácido sulfúrico, num solvente orgânico, como o acetato de etilo, para obter o composto (XII) a uma temperatura de cerca de 70-80 °C, ou descarboxilado através de métodos conhecidos, como a descarboxilação catalisada por uma base (J.Org. Chem, 1961, 83, 2354)

B) Resolução do ácido (/?S)-3-ciano-5-metil-hexanóico (XII) para obtenção do ácido (S)-3-ciano-5-metil-hexanóico (II) opticamente puro por formação de um sal diastereomérico com a cinchonidina (XIII).

Após uma série de experiências, observou-se que a resolução do ácido (f?S)-3-ciano-5-metil-hexanóico (XII) através do sal diastereomérico com a cinchonidina (XIII) proporciona a separação desejada com elevada pureza ótica e rendimento.

Assim, a resolução por sal diastereomérico entre o ácido (RS)-3-ciano-5-metil-hexanóico (XII) e a cinchonidina (XIII) compreende as seguintes etapas:

a)   o composto (XII) foi tratado com cinchonidina (XIII) na presença de solventes orgânicos, tais como metanol, etanol, 1,4-dioxano, acetato de etilo, tetra-hidrofurano, 2-metil tetra-hidrofurano, dimetoxi etano e diglimo, de preferência acetato de etilo a uma temperatura de cerca de 20 °C a 80 °C de preferência a uma temperatura compreendida entre 70 °C e 80 °C, para precipitar o sal do ácido (S) 3-ciano-5-metil-hexanóico da cinchonidina (XIV), seguido da separação do composto (XIV) através de técnicas de separação conhecidas, como a filtração, a centrifugação, a sedimentação, etc.

b)   O sal do ácido (S)-3-ciano-5-metil-hexanóico da cinchonidina (XIV) foi ainda purificado por refluxo em acetato de etilo ou através da formação de um novo sal, a fim de dissolver o sal do ácido (f?)-3-ciano-5-metil-hexanóico da cinchonidina (XV) que se encontrava ocluído, melhorando assim a pureza enantiomérica do ácido (S)-3-ciano-5-metil-hexanóico (II).

c)   O sal (S) do ácido 3-ciano-5-metil-hexanóico da cinchonidina (XIV) foi decomposto numa mistura bifásica de acetato de etilo e ácido clorídrico diluído (1:1) à temperatura ambiente. O ácido (S)-3-ciano-5-metil-hexanóico (II) foi obtido a partir da camada de acetato de etilo e a cinchonidina (XIII) foi recuperada da fase aquosa através de basificação com hidróxido de sódio e hidróxido de potássio e foi reutilizada para resolução.

d)   O licor-mãe da formação de sal, ou seja, a camada de acetato de etilo, que contém o sal do ácido {R)-3-ciano-5-metil-hexanóico da cinchonidina (XV), foi tratado com ácido mineral diluído aquoso, como o ácido clorídrico, para recuperar o cinchonidihe.

e)   O ácido (S) - 3-ciano-5-metil-hexanóico (II) opticamente puro foi convertido em S-pregabalina (I) por hidrogenação na presença de níquel Raney.

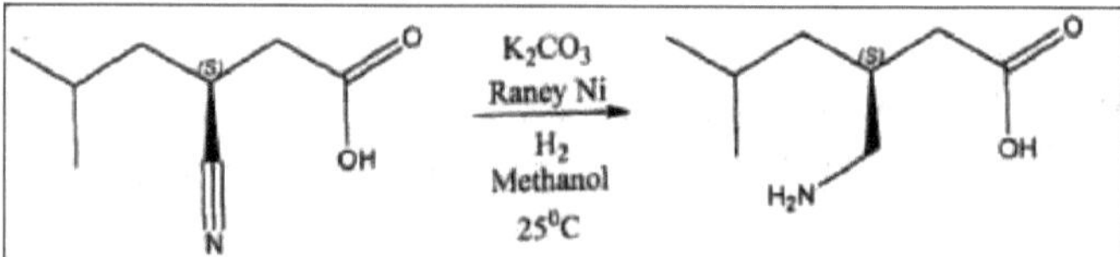

Exemplo 1: Síntese do 2-ciano-4-metilpentanoato de etilo (IX) a partir da condensação do cianoacetato de etilo (VIII) com o corante /so-butiraldeído (IV) em presença de piperidina / ácido acético

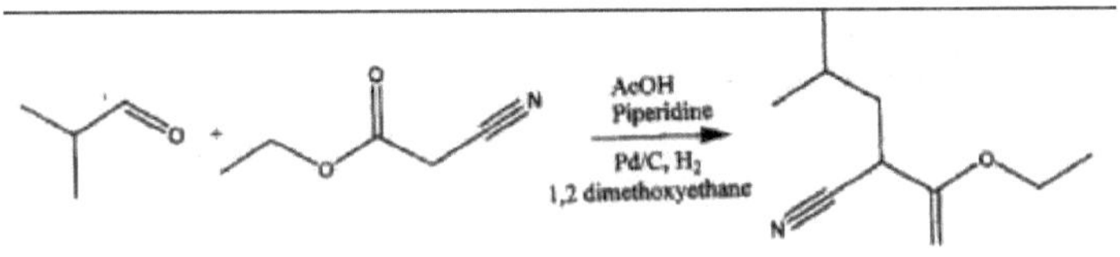

o

O acetato de etil ciano (VIII) (56,5 g, 0,5 mol) foi dissolvido em metanol (100 mL) e o iso-butiraldeído (IV) (43,2 g, 0,6 mol) foi adicionado a ele à temperatura ambiente. A mistura foi arrefecida a 4 °C e uma solução de ácido acético (12 mL) e piperidina (2 mL) em 50 mL de metanol foi adicionada lentamente durante um período de 20 min, mantendo a temperatura abaixo de 20 °C. A mistura reacional foi transferida para um reator de autoclave Parr seguido da adição de 2 % de catalisador de paládio sobre carbono (50 % húmido (10% de carga de Pd)). O reator foi purgado com hidrogénio gasoso duas vezes e carregado com hidrogénio, mantendo-se a pressão de 3 kg/cm^2 no autoclave Parr até cessar o consumo de hidrogénio. A reação foi monitorizada por TLC. Após a conclusão da reação, a mistura reacional foi filtrada através de um leito de Celite para remover o Pd/C e o filtrado foi concentrado sob pressão reduzida para remover o solvente. O resíduo foi suspenso em 100 mL de água. A camada orgânica foi separada para obter 2-cyano-4-methylpentanoate de etilo (IX) (80 g, 95 % rendimento) como óleo amarelo claro.

FTIR (puro): 2962, 2249, 1746, 1469, 1186 cm ı.

^{1}H NMR (CDCIj, 200 MHz): 6 0,95 (d, 3H), 0,96 (d, 3H), 1,28 (t, 3H), 1,17-1,87 (m, 3H), 3,49 (q, 1H), 4,22 (q, 2H).

MS (El): C9H15N02: 169,0; [M+H20]$^+$: 186,85 e [M] : 167,80

Exemplo 2: Síntese do 2-ciano-4-metilpentanoato de etilo (IX) a partir da condensação do cianoacetato de etilo (VIII) com o corante so-butiraldeído (IV) na presença de acetato de césio/metanol

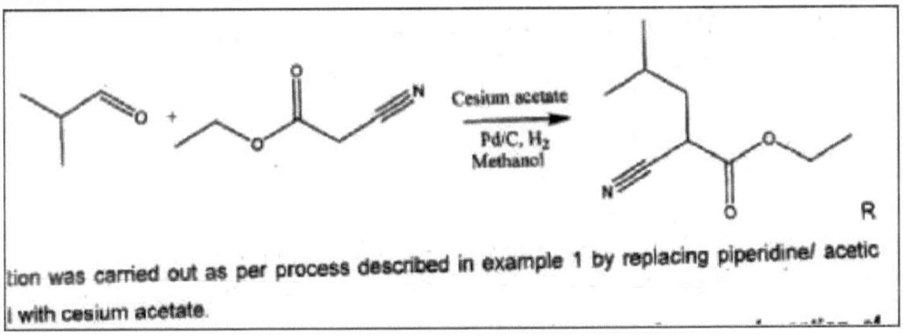

Exemplo 3: Síntese do 2-ciano-4-metilpentanoato de etilo (IX) a partir da condensação do cianoacetato de etilo (VIII) com o corante /so-butiraldeído (IV) na presença de acetato de césio/água

Carregou-se um reator com 2-ciano-4-metilpentanoato de etilo (IX) (103,0 g, 609 mmol), cloroacetato de etilo (VI) (82,1, 670 mmol) e cloreto de benzil trietilamónio (1,4 g, 6,09 mmol) e agitou-se a mistura reacional resultante durante 15-20 minutos à temperatura ambiente. Adicionou-se lentamente à mistura reacional acima referida um pó fino ativado de carbonato de césio (198,0 g, 609 mmol), em pequenas porções, enquanto se agitava durante um período de 10-15 min. A adição de carbonato de césio resultou num aumento da temperatura da reação até 60 a 65 °C. Após a adição completa do carbonato de césio, a mistura reacional foi agitada durante 1 h a 60 °C. A reação foi monitorizada por TLG para o consumo completo dos materiais de partida e, após a conclusão da reação, foi extinta pela adição de 100 mL de água e a camada orgânica foi separada para obter o 2-ciano-2-isobutilsuccinato de dietilo (X) (155,0 g, 88% de rendimento) como óleo amarelo.

FTIR (puro): 2963, 2248, 1743, 1469, 1195, 1025 cm-[1].

1H NMR (CDCl3, 200 MHz): 50,95 (d, 3H), 0,96 (d, 3H), 1,23 (t, 3H), 1,28 (t, 3H), 1,70-1,89 (m, 3H), 2,80 (d, 1H), 3,02 (d, 1 H), 4,16 (q, 2H), 4,28 (q, 2H),

MS (El): CgH15N02: 255; $[M+H2O]^+$: 273.05.

Example 5: Síntese do 2-ciano-2-isobutilsuccinato de dietilo (X) a partir do 2-ciano-4-metilpentanoato de etilo (IX) e do cloroacetato de etilo (VI) em presença de carbonato de potássio.

A reação foi realizada de acordo com o procedimento descrito no exemplo 4 com pó fino ativado de carbonato de potássio a uma temperatura de 90 °C durante 120 min para obter 2-cyano-2-isobutilsuccinato de dietilo (X) como óleo castanho escuro.

Example 6: Síntese do 2-ciano-2-isobutilsuccinato de dietilo (X) a partir do 2-ciano-4-metilpentanoato de etilo (IX) e do cloroacetato de etilo (VI) em presença de carbonato de sódio.

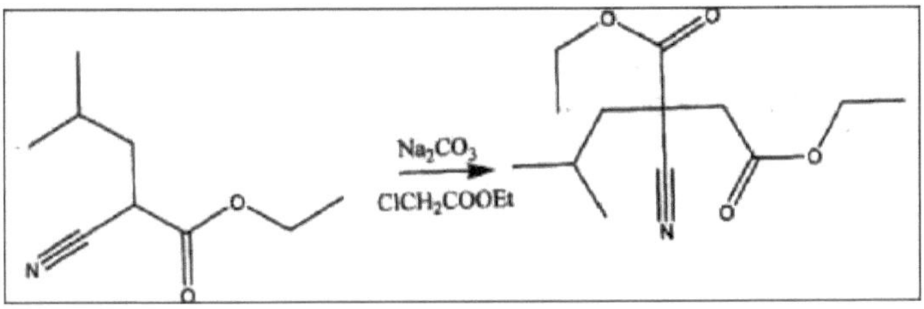

A reação foi realizada de acordo com o procedimento descrito no exemplo 4 com pó fino ativado de carbonato de sódio a uma temperatura de 90 °C durante 180 minutos para obter o 2-ciano-2-isobutilsuccinato de dietilo (X).

Example 7:   Síntese de 2-ciano-4-metilpentanoato de metilo (V) a partir da condensação de cianoacetato de metilo (III) com *iso*-butiraldeído (IV) em presença de piperidina/ácido acético .

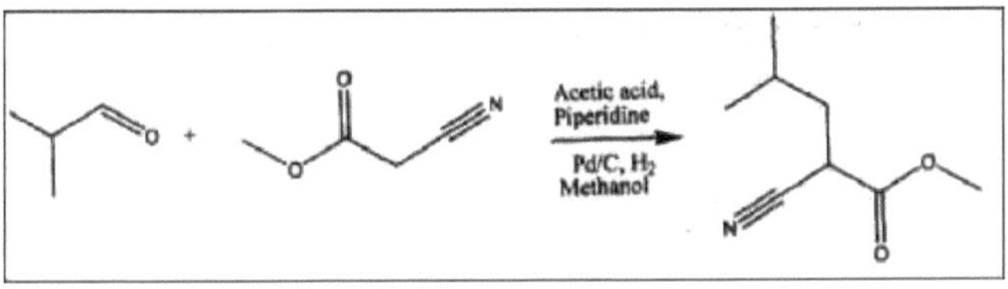

O cianoacetato de metilo (III) (113,0 g, 1,14 mol) foi dissolvido em metanol (125 mL), o isobutiraldeído (IV) (98,0 g, 1,36 mol) e o ácido acético glacial (12 mL) foram adicionados à temperatura ambiente. A mistura foi arrefecida a 4 °C e uma solução de ácido acético (12 mL) e piperidina (4 mL) em 50 mL de metanol foi adicionada lentamente durante um período de 20 min, mantendo a temperatura abaixo de 20 °C. A mistura reacional foi transferida para um reator de autoclave Parr seguido da adição de 2 % de catalisador de paládio sobre carbono (50 % húmido (10% de carga de Pd)). O reator foi purgado com hidrogénio gasoso duas vezes e carregado com hidrogénio, mantendo-se a pressão de 3 kg/cm^2 no autoclave Parr até cessar o consumo de hidrogénio. A reação foi monitorizada por TLC. Após a conclusão da reação, a mistura reacional foi filtrada através de um leito de Celite para remover Pd/C e o filtrado foi concentrado sob pressão reduzida para remover o solvente. O resíduo foi suspenso em 100 mL de água. A camada orgânica foi separada para obter o 2-cyano-4- methylpentanoate de metilo (V) (170 g, 90 % de rendimento) como óleo amarelo claro.

FTIR (puro): 2958, 2872, 2642, 2250, 1751 , 1468, 1185, 1131 , 1010 cm^{-1}

^{1}H NMR (CDCl3, 200 MHz): 6 0,92 (d, 3H), 0,99 (d, 3H), 1,74-1,98 (m, 3H), 3,53 (t, 1H) 3,81 (s, 3H)

MS (EI): C9H15N02: 169.11 ; [M+H]$^+$: 170.15

Example 8:   Síntese de 2-ciano-4-metilpentanoato de metilo (V) a partir da condensação de cianoacetato de metilo (III) com *iso*-butiraldeído (IV) na presença de acetato de césio em metanol foi efectuado de acordo com o processo descrito no exemplo 7, substituindo piperidina/ácido acético por acetato de césio para obter metil-2-ciano-4-metilpentanoato (V.

Example 9:   Síntese do succinato de 4-etil-1-metil-2-ciano-2-isobutilo (VII) a partir de 2-ciano-4-metilpentanoato de metilo (V) e acetato de cloro etilo (VI) em presença de carbonato de césio.

Um reator foi carregado com 2-ciano-4-metilpentanoato de metilo (V) (41,0 g, 265,0 mmol), acetato de etilcloro (VI) (35,7, 291 mmol) e cloreto de benzil trietilamónio (0,6 g) e a mistura reacional resultante foi agitada durante 15-20 min à temperatura ambiente. Adicionou-se lentamente à mistura reacional acima referida um pó fino ativado de carbonato de césio (47,3 g, 145,5 mmol), em pequenas porções, agitando durante um período de 10-15 minutos. A adição de carbonato de césio resultou num aumento da temperatura da reação até 65-70 °C. Após a adição completa do carbonato de césio, a mistura reacional foi agitada durante 1 h a 60 °C. A reação foi monitorizada por TLC para o consumo completo dos materiais de partida e após a conclusão da reação; foi extinta pela adição de 100 mL de água e a camada orgânica foi separada para obter o 1 -metil-2-ciano-2-isobutilsuccinato de 4-etilo (VII) (57,5 g, 90% de rendimento) como óleo amarelo claro.

FTIR (puro): 2958, 2248, 1741 , 1637, 1467, 1199, 1025 cm^{-1} .

1H NMR (CDCl3, 200 MHz): 50,88 (d, 3H), 0,92 (d, 3H), 1,05 (t, 3H), 1,70-1,89 (m, 3H), 2,79 (d, 1 H), 3,03 (d, 1 H), 3,84 (s, 3H), 4,18 (q, 2H).

MS (El): C9H15NO2: 241 ; $[M+H20]^{+}$: 259.05.

Example 10:   Síntese do 1 - 2-ciano-2-isobutilsuccinato de 4-etilo (VII) a partir do 2-ciano-4-metilpentanoato de metilo (V) e do acetato de cloroetilo (VI) em presença de carbonato de potássio.

A reação foi realizada de acordo com o procedimento descrito no exemplo 9 com pó fino ativado de carbonato de potássio à temperatura de 90 °C para obter o 1 -metil-2-ciano-2-isobutilsuccinato de 4-etilo (VII) como óleo castanho claro.

Um reator foi carregado com cinchonidina (XIII) (11,2 g) e dimetoxi etano (196 ml) e a mistura reacional resultante foi aquecida a 70 °C. Uma solução de ácido (RS)-3-ciano-5-

metil-hexanóico (XII) (5,9 g) em dimetoxi etano (45 mL) foi adicionada à mistura reacional acima referida durante um período de 15-20 min e a mistura reacional foi agitada durante 2 h à temperatura de refluxo. Depois disso, a mistura reacional foi arrefecida à temperatura ambiente e agitada durante 5 h. O sal do ácido (S)-3-cina-5-metil-hexanóico da cinchonidina precipitou. A mistura resultante foi filtrada para se obter o sal do ácido (S)-3-ciano-5-metil-hexanóico da cinchonidina (XIV) como um sólido branco (28,3 g, 92% ee para o éster etílico do ácido (S)-3-ciano-5-metil-hexanóico por GC %).

CAPÍTULO 5

CADD

5.1 INTRODUÇÃO

A conceção de medicamentos assistida por computador (CADD) fornece várias ferramentas e técnicas que ajudam em várias fases da conceção de medicamentos, reduzindo assim o custo da investigação e o tempo de desenvolvimento do medicamento. A descoberta de fármacos e o desenvolvimento de um novo medicamento é um processo longo, complexo, dispendioso e altamente arriscado que tem poucos pares no mundo comercial. É por isso que as abordagens de conceção de medicamentos assistida por computador (CADD) estão a ser amplamente utilizadas na indústria farmacêutica para acelerar o processo. A relação custo-benefício da utilização de ferramentas computacionais na fase de otimização de pistas do desenvolvimento de medicamentos é substancial. Os custos e o tempo investidos pelos laboratórios de investigação farmacológica são elevados durante as várias fases da descoberta de medicamentos, desde a identificação do alvo terapêutico, a descoberta de medicamentos candidatos, a otimização de medicamentos através de experiências pré-clínicas e clínicas extensivas para avaliar a eficácia e a segurança dos medicamentos recentemente desenvolvidos. As principais empresas farmacêuticas investiram fortemente no rastreio de rotina de ultra-alto rendimento (uHTS) de um vasto número de= moléculas "semelhantes a medicamentos". Paralelamente, a conceção e a otimização de medicamentos utilizam cada vez mais computadores para o rastreio virtual. Os recentes avanços nas experiências de microarray de ADN exploram milhares de genes envolvidos numa doença e podem ser utilizados para obter conhecimentos aprofundados sobre os alvos da doença, as vias metabólicas e a toxicidade dos medicamentos.

As ferramentas teóricas incluem a mecânica molecular empírica, a mecânica quântica e, mais recentemente, a mecânica estatística. Este último avanço permitiu a incorporação de efeitos explícitos do solvente. Todo este trabalho é a disponibilidade de computação gráfica de alta qualidade, largamente suportada em estações de trabalho.

Distinguem-se claramente duas categorias distintas de investigação

1) Cristalografia, RMN ou modelação homológica. A estrutura molecular pormenorizada da macromolécula alvo, o recetor do fármaco, é conhecida através da radiografia.

2) Atividade variável de moléculas semelhantes.

O local de ligação do recetor-alvo tem propriedades que só podem ser inferidas a partir do conhecimento destes dois tipos de abordagem.

Processo de descoberta de medicamentos

A descoberta de medicamentos é uma série de processos que, quando seguidos, identificam os compostos de medicamentos para o tratamento eficaz ou o controlo de alvos de doenças. Começa com o rastreio de um grande número de compostos químicos para otimizar os alvos da doença. Requer informações sobre a estrutura do recetor do medicamento para que as moléculas do medicamento possam ser ajustadas ao local de ligação.

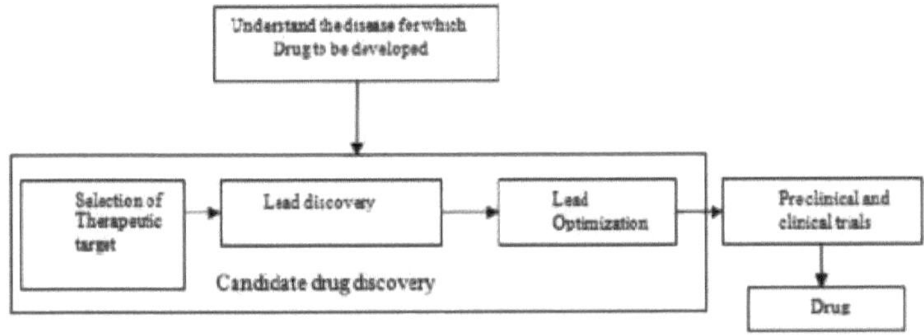

Figure 1: Drug Discovery Process

O processo de descoberta de medicamentos começa com a compreensão da doença para a qual o medicamento está a ser concebido. Consiste nas seguintes etapas.

1. Descoberta de medicamentos candidatos

Seleção do alvo terapêutico

Descoberta de chumbo

Otimização de leads

2. Ensaios pré-clínicos e clínicos para avaliar a segurança, a eficácia e os efeitos adversos do medicamento

Estudos com animais

Ensaios clínicos

3. Processo de aprovação pela FDA do medicamento recém-descoberto e introdução do medicamento no mercado para utilização pública.

Testes adicionais pós-comercialização

Melhoria adicional do medicamento.

Em geral, são necessários 3 a 6 anos para a descoberta de novos medicamentos e para o desenvolvimento pré-clínico. Os ensaios clínicos podem durar até 10 anos ou mais antes de o produto chegar ao mercado. Aproximadamente, são necessários 12-15 anos e custa mais de 1,3 mil milhões de dólares para colocar um medicamento bem sucedido no mercado. Em média, entre os 5000-10000 compostos analisados, cerca de 250 compostos são seleccionados para ensaios pré-clínicos. Destes, apenas 5 sobrevivem para entrar em ensaios clínicos e apenas um é aprovado pela FDA após uma análise exaustiva do medicamento recém-descoberto.

Estratégias CADD no processo de descoberta de medicamentos

As estratégias para a conceção de fármacos variam consoante o grau de informação estrutural e outras informações disponíveis sobre o alvo (enzima/recetor) e os ligandos. A conceção - direta! e -indireta! são as duas principais estratégias de modelização atualmente utilizadas no processo de conceção de medicamentos. Na abordagem indireta, a conceção baseia-se na análise comparativa das características estruturais de compostos activos e inactivos conhecidos. Na conceção direta, as características tridimensionais do alvo (enzima/recetor) são diretamente consideradas.

5.2 Funcionamento do CADD

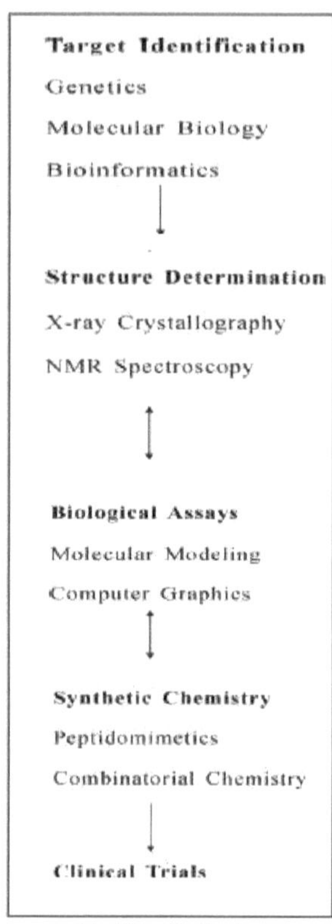

Identificação do alvo

■Genética
Biologia Molecular
Bioinformática
Determinação da estrutura

Cristalografia de raios X

Espectroscopia NMR
Ensaios biológicos Modelação molecular
Computação gráfica

Química sintética

Pcptidomiméticos

Quimica Combinatória

Ensaios clínicos

Preparação de uma estrutura de destino

O êxito do rastreio virtual depende da quantidade e da qualidade da informação estrutural conhecida sobre o alvo e as pequenas moléculas que estão a ser acopladas. O primeiro passo é avaliar o alvo quanto à presença de uma bolsa de ligação adequada. Normalmente, isto é feito através da análise de estruturas de co-cristais alvo-ligante conhecidas ou utilizando métodos in silico para identificar novos sítios de ligação.

Uma estrutura-alvo determinada experimentalmente através de cristalografia de raios X ou de técnicas de RMN e depositada no PDB é o ponto de partida ideal para a acoplagem. A genómica estrutural acelerou o ritmo a que as estruturas-alvo estão a ser determinadas. Na

46

ausência de estruturas determinadas experimentalmente, foram comunicadas várias campanhas de rastreio virtual bem sucedidas, baseadas em modelos comparativos de proteínas-alvo

Modelação de Homologia

Na ausência de estruturas experimentais, são utilizados métodos computacionais para prever a estrutura 3D das proteínas alvo. A modelação comparativa é utilizada para prever a estrutura do alvo com base em

um modelo com uma sequência semelhante, aproveitando o facto de a estrutura da proteína ser mais bem conservada do que a sequência, ou seja, as proteínas com sequências semelhantes têm estruturas semelhantes. A modelação por homologia é um tipo específico de modelação comparativa em que as proteínas modelo e alvo partilham a mesma origem evolutiva. A modelação comparativa envolve os seguintes passos: (1) identificação de proteínas relacionadas para servir como estruturas modelo, (2) alinhamento da sequência das proteínas alvo e modelo, (3) cópia de coordenadas para regiões alinhadas com confiança, (4) construção de coordenadas de átomos em falta da estrutura alvo, e (5) refinamento e avaliação do modelo. A Fig. 1.4 ilustra as etapas envolvidas na modelação de homologia. Existem vários programas de computador e servidores Web que automatizam o processo de modelação de homologia, por exemplo, PSIPRED e MODELER.

Deteção baseada na dinâmica molecular

A natureza dinâmica das biomoléculas torna, por vezes, insuficiente a utilização de uma única estrutura estática para prever sítios de ligação putativos. São frequentemente utilizadas múltiplas conformações do alvo para ter em conta a sua dinâmica estrutural. As simulações clássicas de dinâmica molecular (MD) podem ser utilizadas para obter um conjunto de conformações do alvo a partir de uma única estrutura. O método MD utiliza princípios da mecânica newtoniana para calcular uma trajetória de conformações de uma proteína em função do tempo. Os métodos clássicos de MD tendem a ficar presos em mínimos de energia locais. Para ultrapassar este problema, foram implementados vários algoritmos avançados de MD, tais como MD direccionada, simulações de dobragem conformacional, simulações de MD aceleradas pela temperatura e MD de troca de réplicas, para percorrer a superfície de energia de múltiplos mínimos das proteínas.

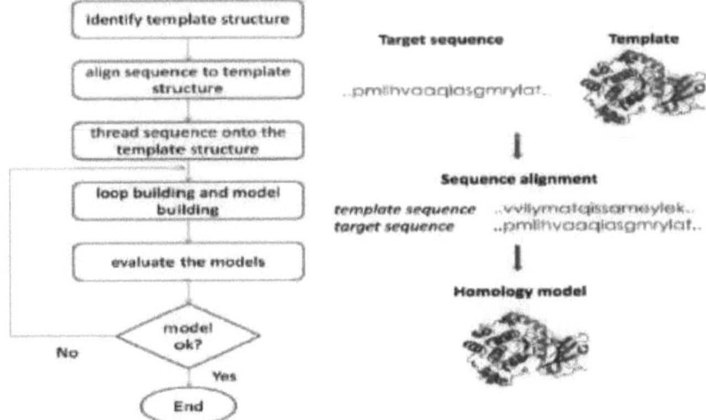

Figura: 1.4 Etapas envolvidas no processo de construção de modelos de homólogos⁻.38-39

Pesquisa de Monte Carlo com Simulação do Critério de Metropolis (MCM)
A MCM permite obter amostras do espaço conformacional mais rapidamente do que a dinâmica molecular, na medida em que requer apenas a avaliação da função de energia e não a derivada das funções de energia. Embora a MD tradicional conduza um sistema para um mínimo de energia local, a aleatoriedade introduzida com Monte Carlo permite saltar sobre as barreiras de energia, evitando que o sistema fique preso em mínimos de energia locais. As simulações MCM foram adoptadas para aplicações de acoplamento flexíveis, como no MCDOCK.

Algoritmos genéticos
Os algoritmos genéticos introduzem flexibilidade molecular através da recombinação de conformações-mãe em conformações-filhas. Neste processo evolutivo simulado, as conformações mais aptas! ou com melhor pontuação são mantidas para outra ronda de recombinação. Desta forma, o melhor conjunto possível de soluções evolui através da retenção de características favoráveis de uma geração para a seguinte. Na acoplagem, um conjunto de valores que descrevem a posição do ligando na proteína são variáveis de estado. As variáveis de estado podem incluir um conjunto de valores que descrevem a translação, a orientação, a conformação, o número de ligações de hidrogénio, etc. O estado corresponde ao genótipo; o modelo estrutural resultante do ligando na proteína corresponde ao fenótipo, e a energia de ligação corresponde à aptidão do indivíduo. Os operadores genéticos podem trocar grandes regiões dos genes dos progenitores ou alterar aleatoriamente (mutar) o valor de determinados estados do ligando para dar origem a novos indivíduos. O Genetic Optimization for Ligand Docking (GOLD) explora a flexibilidade total do ligando com flexibilidade parcial do alvo utilizando um algoritmo genético.

Funções de pontuação para avaliação de complexos proteína-ligando
As aplicações de docking têm de avaliar rapidamente e com precisão os complexos proteína-ligando, ou seja, aproximar a energia da interação. Uma experiência de acoplamento de ligandos pode gerar centenas de milhares de conformações de complexos alvo-ligando, sendo necessária uma função de pontuação eficiente para classificar estes complexos e diferenciar previsões válidas de modos de ligação de previsões inválidas.

Funções de pontuação baseadas no campo de forças ou na mecânica molecular
As funções de pontuação de campo de força utilizam a mecânica molecular clássica para cálculos de energia. Estas funções utilizam parâmetros derivados de dados experimentais e cálculos de mecânica quântica ab initio. A energia livre de ligação dos complexos proteína-ligando é estimada pela soma das interacções de van der Waals e electrostáticas.

Funções de pontuação empíricas
As funções de pontuação empíricas ajustam os parâmetros aos dados experimentais. Um exemplo é a energia de ligação, que é expressa como uma soma ponderada de interacções explícitas de ligações de hidrogénio, termos de contacto hidrofóbico, efeitos de dessolvatação e entropia. Os termos da função empírica são simples de avaliar e baseiam-se em aproximações. Os pesos dos diferentes parâmetros são obtidos a partir de uma análise de regressão que utiliza dados experimentais obtidos a partir de dados moleculares. As funções empíricas têm sido utilizadas em vários processos de acoplamento disponíveis no mercado, como o LUDI, o FLEXX e o SURFLEX

Função de pontuação baseada no conhecimento

As funções de pontuação baseadas no conhecimento utilizam a informação contida nas estruturas complexas determinadas experimentalmente. São formuladas com base no pressuposto de que as distâncias interatómicas que ocorrem com maior frequência do que as distâncias médias representam contactos favoráveis. Por outro lado, as interacções que ocorrem com menor frequência são susceptíveis de diminuir a afinidade. Foram desenvolvidos vários potenciais baseados no conhecimento para prever a afinidade de ligação, como o potencial de.

Funções de pontuação de consenso

As abordagens de consenso voltam a classificar as poses previstas várias vezes utilizando diferentes funções de pontuação. Estes resultados podem então ser combinados de diferentes formas para classificar as soluções. Algumas estratégias para combinar pontuações incluem

(1) combinações ponderadas de funções de pontuação,

(2) uma estratégia de votação em que os limites estabelecidos para cada método de pontuação são seguidos de uma decisão baseada no número de poses de uma molécula,

(3) uma estratégia de classificação por número classifica cada composto pelos seus valores médios de pontuação normalizada e

(4) um método de classificação por classificação ordena os compostos com base na classificação média determinada por funções de pontuação individuais.

Rastreio virtual de alto rendimento baseado na estrutura

O rastreio virtual de elevado rendimento com base na estrutura (SB-vHTS), o método in silico para identificar sucessos putativos entre centenas de milhares de compostos para os alvos de estrutura conhecida, baseia-se numa comparação da estrutura 3D da pequena molécula com a bolsa de ligação putativa. O SB-vHTS selecciona os ligandos que se prevê ligarem-se a um determinado local de ligação, por oposição ao HTS tradicional que afirma experimentalmente a capacidade geral de ligação de um ligando.

Conceção de medicamentos assistida por computador com base em ligandos

A abordagem de descoberta de medicamentos assistida por computador baseada em ligandos (LBDD) envolve a análise de ligandos que se sabe interagirem com um alvo de interesse. Estes métodos utilizam um conjunto de estruturas de referência recolhidas de compostos que se sabe interagirem com o alvo de interesse e analisam as suas estruturas 2D ou 3D. O objetivo geral é representar estes compostos de forma a que as propriedades físico-químicas mais importantes para as interacções desejadas sejam mantidas, enquanto que as informações estranhas não relevantes para as interacções são eliminadas. É considerada uma abordagem indireta à descoberta de medicamentos, na medida em que não requer o conhecimento da estrutura do alvo de interesse. As duas abordagens fundamentais do LBDD são...

(1) Seleção de compostos com base na semelhança química com activos conhecidos, utilizando uma medida de semelhança ou

(2) A construção de um modelo de relação quantitativa estrutura-atividade (QSAR) que prevê a atividade biológica a partir da estrutura química. Os métodos são aplicados para o rastreio in silico de novos compostos que possuam a atividade biológica de interesse, para a otimização de fármacos "hit to lead" e "lead to drug" e também para a otimização das propriedades DMPK/ADMET. O LBDD baseia-se no princípio das propriedades semelhantes, segundo o qual as moléculas que são estruturalmente semelhantes têm provavelmente propriedades semelhantes. As abordagens LBDD, ao contrário das abordagens SBDD, também podem ser

aplicadas quando a estrutura do alvo biológico é desconhecida. Além disso, os compostos activos identificados por métodos de rastreio virtual de elevado rendimento com base em ligandos (LB-vHTS) são frequentemente mais potentes do que os identificados em SB-Vhts.

Descritores moleculares

Os descritores moleculares podem incluir propriedades como o peso molecular, a geometria, o volume, as áreas de superfície, o conteúdo dos anéis, as ligações rotativas, as distâncias interatómicas, as distâncias de ligação, os tipos de átomos, os sistemas planares e não planares, as contagens de caminhadas moleculares, as electronegatividades, as polarizabilidades, a simetria, a distribuição dos átomos, os índices de carga topológica, a composição dos grupos funcionais, os índices de aromaticidade, as propriedades de solvatação e muitas outras. Estes descritores são gerados através de métodos baseados no conhecimento, métodos teóricos de grafos, mecânica molecular.

Software para modelação molecular de uso geral

Para estações de trabalho, minicomputadores e supercomputadores (SGI, Sun, Cray, etc.)
AMBER-Peter Kollman e colaboradores, UCSF.
Construção de modelos assistidos por computador, minimização de energia, dinâmica molecular e cálculos de perturbação de energia livre.
Laboratório de computação gráfica Midas Plus-UCSF. CHARMM-
Martin Karplus e cowrokers, Har- vard.
QUANTA/CHARMm-Molecular Simulations Inc. (MSI) conceção molecular/droga, QSAR, química quântica.
Análise de dados de raios X e NMR Insight/DISCOVER- Biosym, Inc. Atualmente, a MSI e a Biosym tornaram-se na Accelrys Inc.
SYBYL-Tripos, Inc.
ECEPP-Harold Scheraga e colaboradores, Cornell
MM3-Norman Allinger e colaboradores, Geórgia
Para computadores pessoais (Apple, Compaq, IBM, etc.)
Alchemy III-Tripos, Inc.
Desktop Molecular Modeller-Oxford Elec. Publish- ing Molecular Modeling Pro-WindowChem Software Minimização de energia, QSAR (área de superfície, volume, logP), etc.
Software PC MODEL-Serena.

CONCLUSÃO

A conceção de fármacos assistida por computador (CADD) é um domínio multidisciplinar que atrai investigadores das tecnologias da informação, da medicina, da farmacologia, etc., para descobrirem novas ferramentas e técnicas ou melhorarem as ferramentas e técnicas disponíveis para ajudar no processo de descoberta de fármacos. Estas técnicas provaram ser eficazes em várias fases do processo de descoberta de medicamentos, reduzindo assim os custos e o tempo necessário para desenvolver um medicamento em relação aos métodos convencionais. São fornecidas várias ferramentas CADD que auxiliam o processo de desenvolvimento de fármacos, com algumas **www.wjpps.com Vol 6, Issue 7, 2017. 288 Das et al. Revista Mundial de Farmácia e Ciências Farmacêuticas**
exemplos de medicamentos disponíveis no mercado que foram concebidos com êxito utilizando estas ferramentas. Estas ferramentas podem ser utilizadas e melhoradas para apoiar as várias fases da descoberta de medicamentos.

5.3 Objetivo - Análise comparativa de docking e de energia de ligação de 5 antibióticos beta-lactâmicos conhecidos

Introdução

A bioinformática é a aplicação da tecnologia da informação ao domínio da biologia molecular. A bioinformática implica a criação e o desenvolvimento de bases de dados, algoritmos, técnicas computacionais e estatísticas e teoria para resolver problemas formais e práticos decorrentes da gestão e análise de dados biológicos. O principal objetivo da bioinformática é aumentar a compreensão dos processos biológicos. Para atingir este objetivo, a bioinformática centra-se no desenvolvimento e aplicação de técnicas computacionais intensivas (por exemplo, extração de dados e algoritmos de aprendizagem automática). Os principais esforços de investigação neste domínio incluem o alinhamento de sequências, a descoberta de genes, a montagem do genoma, o alinhamento da estrutura das proteínas, a previsão da estrutura das proteínas, a previsão da expressão dos genes e das interacções proteína-proteína, a acoplagem de proteínas, os estudos de associação do genoma e a modelização da evolução.

No domínio da modelação molecular, a **docagem** é um método que prevê a orientação preferida de uma molécula em relação a uma segunda, quando ligadas entre si para formar um complexo estável. O conhecimento da orientação preferida pode, por sua vez, ser utilizado para prever a força de associação ou a afinidade de ligação entre duas moléculas utilizando funções de pontuação.

As associações entre moléculas biologicamente relevantes, como as proteínas, os ácidos nucleicos, os hidratos de carbono e os lípidos, desempenham um papel central na transdução de sinais. Além disso, a orientação relativa dos dois parceiros em interação pode afetar o tipo de sinal produzido (por exemplo, agonismo ou antagonismo). Por conseguinte, a ligação é útil para prever tanto a intensidade como o tipo de sinal produzido.

O docking é frequentemente utilizado para prever a orientação da ligação de pequenas moléculas candidatas a fármacos aos seus alvos proteicos, a fim de, por sua vez, prever a afinidade e a atividade da pequena molécula. Assim, o docking desempenha um papel importante na conceção racional de medicamentos.

Para efetuar um rastreio de acoplamento, o primeiro requisito é uma estrutura da proteína de interesse. Esta estrutura da proteína e uma base de dados de potenciais ligandos servem de entrada para um programa de acoplamento. O sucesso de um programa de acoplamento depende de dois componentes: o algoritmo de pesquisa e a função de pontuação.

Materiais:-

1. Bases de dados biológicas-

PDB:-

O Protein Data Bank é um sítio onde se pode obter a estrutura 3D de uma proteína. A estrutura 3D da proteína PBP 4 foi obtida (pdb id- 2ex6).

Pubchem-

As estruturas dos antibióticos beta-lactâmicos foram descarregadas no formato sdf da base de dados pubchem.

Estruturas dos antibióticos:

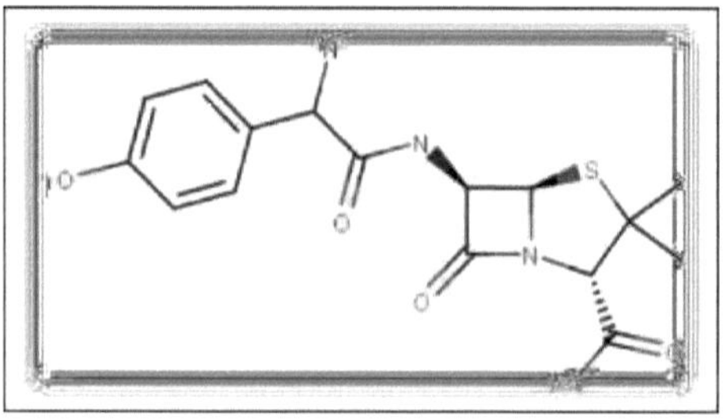

Amoxicilina

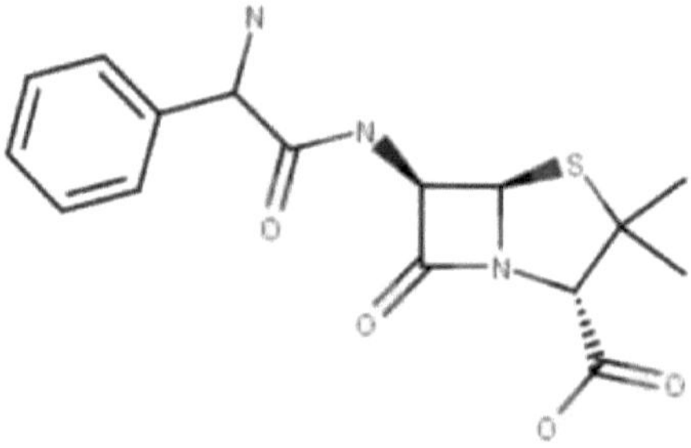

Ampicilina

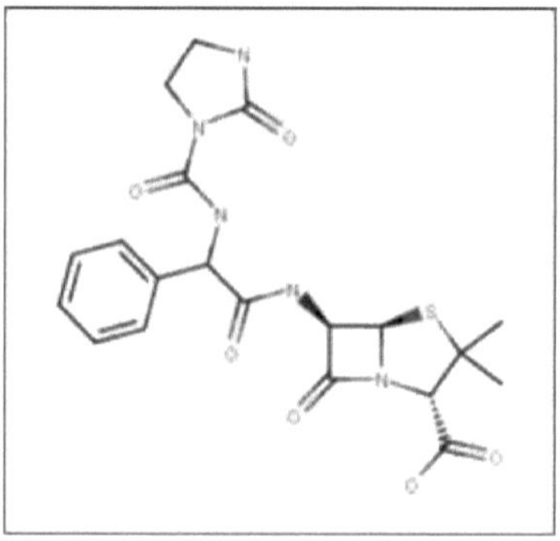

Azlocilina

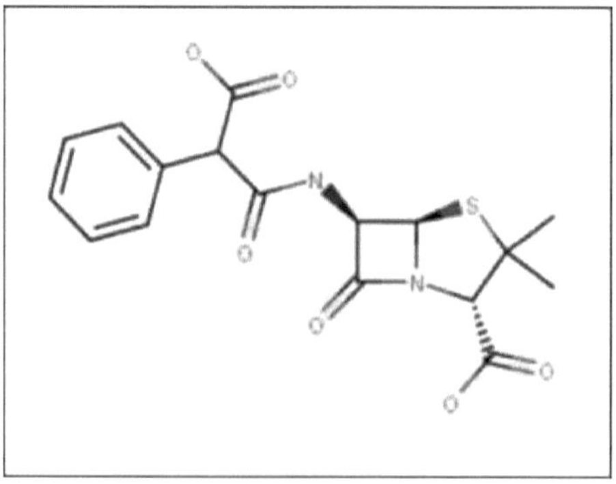

Carbenicilina

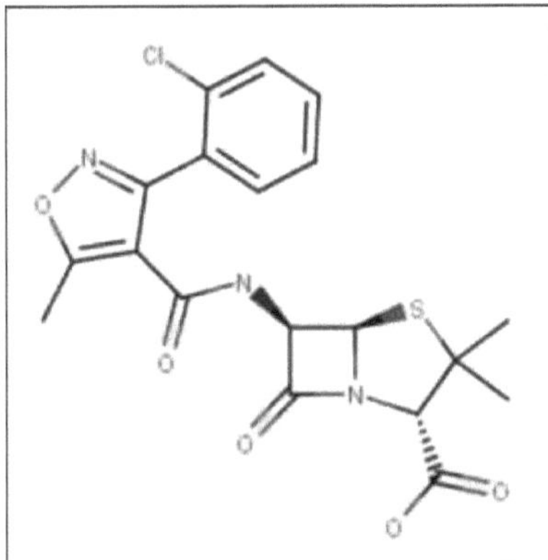

Cloxacilina

2. Ferramentas de ancoragem-
CDOCK:-
• O CDOCKER é uma implementação de uma ferramenta de acoplamento baseada em CHARMm que utiliza um recetor rígido (Wu et al. 2003). O protocolo CDOCKER inclui os seguintes passos:
• É gerado um conjunto de conformações do ligando utilizando dinâmica molecular a alta temperatura com diferentes sementes aleatórias. Este passo pode ser ignorado para acoplar apenas a(s) conformação(ões) de entrada.
• As orientações aleatórias das conformações são produzidas transladando o centro do ligando para um local especificado no sítio ativo do recetor e realizando uma série de rotações aleatórias. É calculada uma energia atenuada e a orientação é mantida se a energia for inferior a um limiar especificado. Este processo continua até ser encontrado o número desejado de orientações de baixa energia ou até ter sido tentado o número máximo de más orientações. Este passo pode ser ignorado para utilizar apenas a orientação de entrada.
• Cada orientação é submetida a uma dinâmica molecular de recozimento simulado. A temperatura é aquecida até uma temperatura elevada e depois arrefecida até à temperatura alvo.
• É efectuada *uma* minimização final do ligando no recetor rígido utilizando um potencial não suavizado.
• Para cada pose final, é calculada a energia CHARMm (energia de interação mais tensão do ligando) e a energia de interação isolada. As poses são ordenadas por energia CHARMm e as poses com melhor pontuação (mais negativas, portanto favoráveis à ligação) são retidas.
• Por uma questão de desempenho, muitos destes passos utilizam uma grelha de energia sem ligação, em vez dos termos de energia potencial completos normalmente utilizados pelo CHARMm. Isto permite uma poupança de tempo significativa à custa de alguma precisão. Pode especificar se pretende utilizar uma grelha ou o potencial total para os passos de simulação e minimização.
PYRX-
O PyRx é um software de rastreio virtual para a descoberta computacional de medicamentos que pode ser utilizado para rastrear bibliotecas de compostos contra potenciais alvos de

53

medicamentos. O PyRx permite que os químicos medicinais executem o rastreio virtual a partir de qualquer plataforma e ajuda os utilizadores em todas as etapas deste processo - desde a preparação dos dados até à apresentação do trabalho e à análise dos resultados. O PyRx inclui um assistente de acoplamento com uma interface de utilizador fácil de utilizar, o que o torna uma ferramenta valiosa para a conceção de medicamentos assistida por computador. O PyRx também inclui uma funcionalidade semelhante a uma folha de cálculo química e um poderoso motor de visualização que são essenciais para a conceção de medicamentos com base na estrutura.

3. Ferramentas de visualização-

- Estúdio Discovery:-

Todas as visualizações e modificações das estruturas são efectuadas na janela 3-D do Discovery studio.

Resultado CDOCK

Docking de vários antibióticos beta-lactâmicos com macromoléculas no estúdio de descoberta

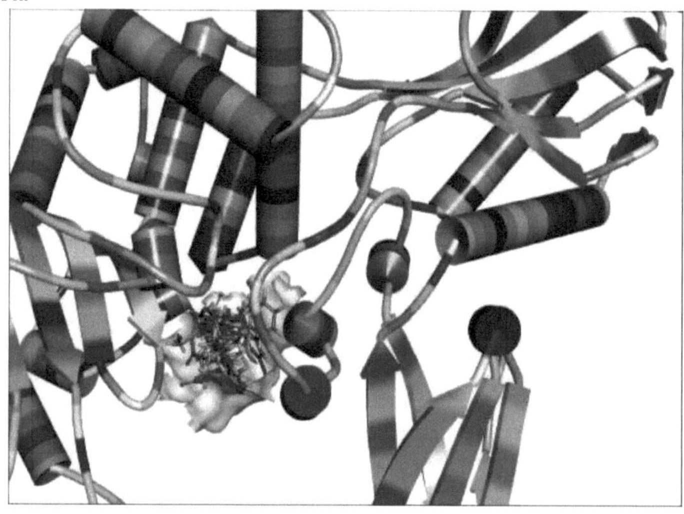

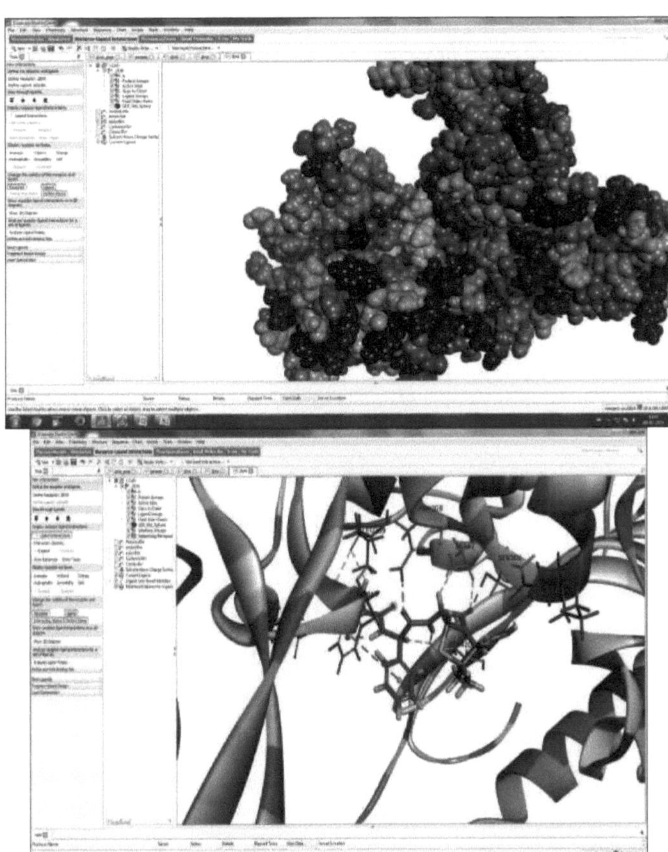

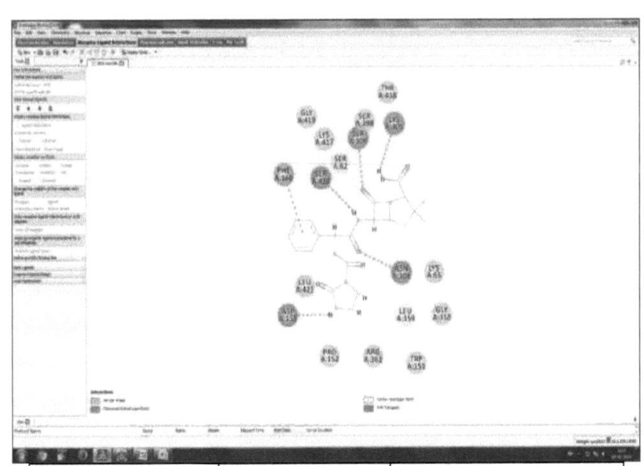

ligando	pontuação do	pontuação da interação

	cdock	cdock
Amoxicilina	14.0709	32.1976
ampicilina	13.5891	27.1591
azlocilina	**22.7143**	**42.0246**
Carbenicilina	16.3436	33.2212
Cloxacilina	5.91314	32.0577

RESULTADO PYRX

Docking de vários tipos de antibiótico beta lactum com macromoléculas, tais como proteínas, lípidos, etc.

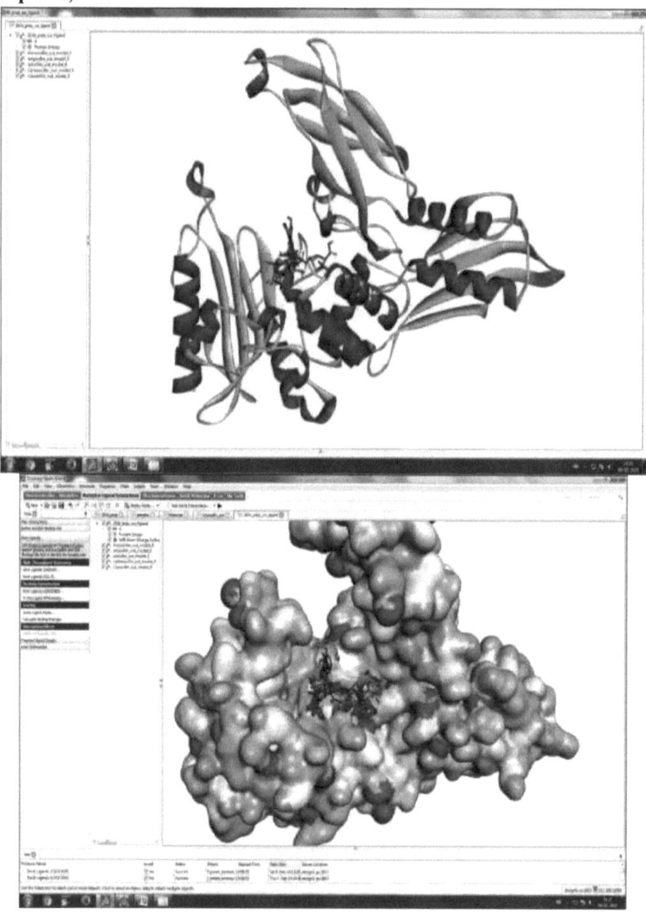

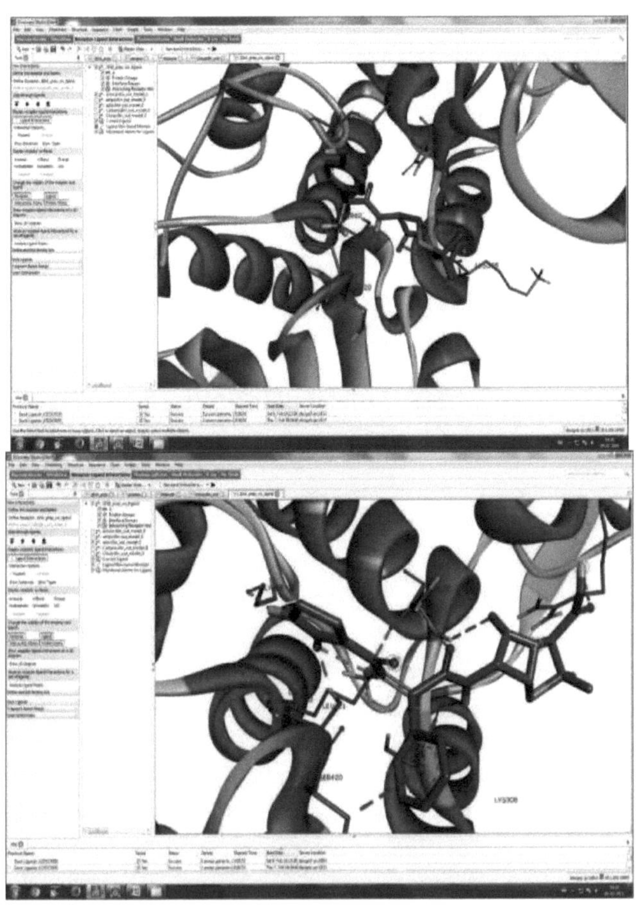

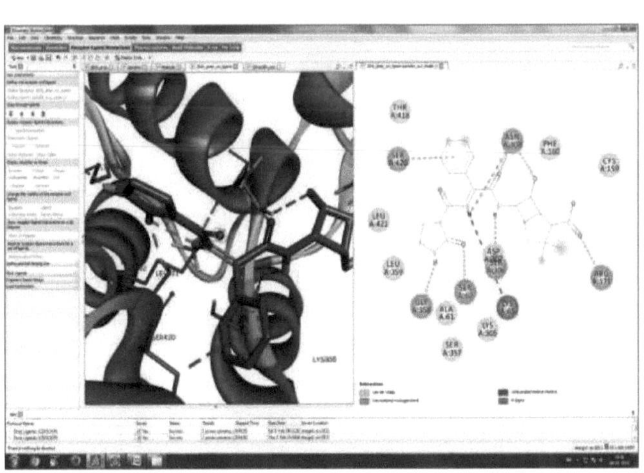

Ligando	Afinidade de ligação
2EX6_prep_wo_ligando_Amoxicilina	-7.5
2EX6_prep_wo_ligando_ampicilina	-7.9
2EX6_prep_wo_ligando_azlocilina	**-8.8**
2EX6_prep_wo_ligando_Carbenicilina	-7.6
2EX6_prep_wo_ligando_Cloxacilina	-8.4

RESULTADO :

Comparando os resultados de ambos os programas informáticos, a azlocilina é melhor do que outros antibióticos beta-lactâmicos.

CONCLUSÃO:

Comparando os resultados obtidos pelos softwares CDOKE e PYRX, a energia de ligação e a afinidade de ligação da azlocilina é melhor do que a de outros antibióticos.

REFERÊNCIAS

1. Whittaker. O papel da bioinformática na validação de alvos. Drug Discovery To-Clinical trial registration: a statement from the International Committee of Medical Journal Editors. Medical Journal of Australia, 2004; 181: 293-4.

2. Lengauer. Bioinformática. From Genomes to Drugs. Wiley- VCH, Weinheim, Alemanha, 2002.

3. Lipinski. Lead and drug-like compounds: the rule-of-five revolution. Drug Discovery Today: Technologies, 2004; 1(4): 337-341.

4. Leeson P D, Davis A M, Steele J. Drug-like properties: Princípios orientadores da conceção - ou preconceito químico? Drug Discovery Today: Technologies, 2004; 1(3): 189-195.

5. Hou T. Xu X. Desenvolvimento recente e aplicação do rastreio virtual na descoberta de medicamentos : Uma visão geral. Current Pharmaceutical Design, 2004; 10: 1011-1033.

6. Klebbe G. Lead Identification in Post-Genomics: Os computadores como alternativa complementar. Drug Discovery Today: Technologies, 2004; 1(3): 225-215.

7. Gisbert Schneider. Uli Fechner. Conceção de novo de moléculas semelhantes a medicamentos baseada em computador. Nature. Reviews. Drug Discovery, 2005; 4(8): 649-663.

8. Butte A. The use and analysis of microarray data. Nature Reviews Drug Discovery, 1(12): 951-960.

9. Richards W. G. Computer-Aided Drug Design.Pure and Applied Chemistry, 1994; 6(68): 1589-1596.

10. Kitchen D B. Decornez H. Furr J R. Bajorath J. Docking and scoring in virtual screening for drug discovery: methods and applications. Nature Reviews in Drug Discovery, 2004; 3: 935-949.

11. DiMasi J A. Grabowski H G. The cost of biopharmaceutical R&D: is biotech different? Managerial and Decision Economics, 2007; 28: 469-479.

12. Hajduk PJ, Huth JR, e Tse C. Predicting protein druggability. Drug. Discov. Today, 2005; 10: 1675-1682.

13. Fauman EB, Rai BK, e Huang ES. Structure-based druggability assessmentifying suitable targets for small molecule therapeutics. Curr. Opin. Chem. Biol., 2011; 15: 463-468.

14. Laurie AT, Jackson RM. Methods for the prediction of protein-ligand binding sites for structure-based drug design and virtual ligand screening. Curr. Protein. Pept. Sci., 2006; 7: 395-406.

15. Becker OM, Dhanoa DS, Marantz Y, Chen D, Shacham S, Cheruku S, Heifetz A, Mohanty P, Fichman M, Sharadendu A. Uma descoberta integrada in silico e orientada por modelos 3D de um novo, potente e seletivo agonista amidossulfonamida 5-HT1A (PRX-00023) para o tratamento da ansiedade e da depressão. J. Med. Chem., 2006; 49: 31163135.

16. Warner SL, Bashyam S, Vankayalapati H, Bearss DJ, Han H, Mahadevan D, Von Hoff DD, Hurley LH. Identification of a lead small-molecule inhibitor of the Aurora kinases using a structure-assisted, fragment-based approach. Mol. Cancer. Ther., 2006; 5: 17641773.

17. Budzik B, Garzya V, Walker G, Woolley-Roberts M, Pardoe J, Lucas A, Tehan B, Rivero RA e Langmead CJ. Novel N-substituted benzimidazolones as potent, selective, CNS-penetrant, and orally active M(1) mAChR agonists. Med. Chem. Lett., 2010; 1: 244-248.

18. Buchan DW, Ward SM, Lobley AE, Nugent TC, Bryson K, e Jones DT. Servidores de anotação e modelação de proteínas na University College London. Nucleic. Acids. Res., 2010; 38: 563-568.

19. Marti-Renom MA, Stuart AC, Fiser A, Sanchez R, Melo F, e Sali A. Comparativo modelação da estrutura proteica de genes e genomas. Annu. Rev. Biophys. Biomol. Struct., 2000; 29: 291-325.

20. Schlitter J, Engels M, Kruger P. Targeted molecular dynamics: a new approach for searching pathways of conformational transitions. J. Mol. Graph, 1994; 12: 84-89.

21. Grubmuller H. Previsão de transições estruturais lentas em sistemas macromoleculares: Inundação conformacional. Phys. Rev. E. Stat. Phys. Plasmas. Fluids. Relat. Interdiscip. Topics, 1995; 52: 2893-2906.

22. Abrams CF, Vanden-Eijnden E. Amostragem conformacional em grande escala de proteínas utilizando dinâmica molecular acelerada pela temperatura. Proc. Natl. Acad. Sci. U.S.A., 2010; 107: 4961-4966.

23. Sugita Y, Okamoto Y. Método de dinâmica molecular de troca de réplicas para dobragem de proteínas. Chem. Phys. Lett., 1999; 314: 141-151.

24. Liu M, Wang SM. MCDOCK: uma abordagem de simulação de Monte Carlo para o problema de acoplamento molecular. J. Comput. Aided. Mol. Des., 1999; 13: 435-451.

25. Jones G, Willett P, Glen RC. A genetic algorithm for flexible molecular overlay and pharmacophore elucidation. J. Comput. Aided. Mol. Des., 1995; 9: 532-549.

26. Halgren TA. Campo de força molecular Merck. 1. Base, forma, âmbito, parametrização e desempenho do MMFF94. J. Comput. Chem., 1996; 17: 490-519.

27. Bohm HJ. O programa de computador LUDI: um novo método para a conceção de novo de inibidores de enzimas. J. Comput. Aided. Mol. Des., 1992; 6: 61-78.

28. Rarey M, Kramer B, Lengauer T, Klebe G. Um método de acoplamento rápido e flexível que utiliza um algoritmo de construção incremental. J. Mol. Biol., 1996; 261: 470-489.

29. Jain AN. Surflex: acoplamento molecular flexível totalmente automático utilizando um motor de pesquisa baseado na semelhança molecular. J. Med. Chem., 2003; 46: 499-511.

30. Shimada J, Ishchenko AV, Shakhnovich EI. Análise de potenciais de proteína-ligante baseados no conhecimento utilizando um método auto-consistente. Protein. Sci., 2000; 9: 765-775.

31. Velec HFG, Gohlke H, Klebe G. DrugScore (CSD) - função de pontuação baseada no conhecimento derivada de dados de cristais de pequenas moléculas com uma taxa de reconhecimento superior de poses de ligandos quase nativos e uma melhor previsão da afinidade. J. Med. Chem., 2005; 48: 6296-6303.

32. DeWitte RS, Shakhnovich E. SMoG: Método de conceção de novo baseado em estimativas de energia livre simples, rápidas e exactas. J. Am. Chem. Soc., 1997; 119: 4608-4617.

33. Mitchell JBO, Laskowski RA, Alex A, Forster MJ, Thornton JM. BLEEP-Potencial de força média que descreve as interacções proteína-ligando: II. Cálculo das energias de ligação e comparação com dados experimentais. J. Comput. Chem., 1999; 20: 1177-1185.

34. Feher M. Consensus scoring for protein-ligand interactions. Drug. Discov. Today, 2006; 11: 421-428.

35. O'Boyle NM, Liebeschuetz JW, Cole JC. Testing assumptions and hypotheses for rescoring success in protein-ligand docking. J. Chem. Inf. Model, 2009; 49: 1871-1878.

36. Becker OM, Dhanoa DS, Marantz Y, Chen D, Shacham S, Cheruku S, Heifetz A,

Mohanty P, Fichman M, Sharadendu A. Uma descoberta integrada in silico e orientada por modelos 3D de um novo, potente e seletivo agonista amidossulfonamida 5-HT1A (PRX-00023) para o tratamento da ansiedade e da depressão. J. Med. Chem., 2006; 49: 31163135.

37. Johnson MA, Maggiora GM. Concepts and Applications of Molecular Similarity, Wiley, Nova Iorque, 1990.

38. Stumpfe D, Bill A, Novak N, Loch G, Blockus H, Geppert H, Becker T, Schmitz A, Hoch M, Kolanus W. Visando proteínas multifuncionais através de rastreio virtual: inibidores de citohesina estruturalmente diversos com funções biológicas diferenciadas. Chem. Biol., 2010; 5: 839-849.

39. Cramer RD, Patterson DE, Bunce JD. Análise molecular comparativa de campo (CoMFA).

1. Efeito da forma na ligação dos esteróides às proteínas transportadoras. J. Am. Chem. Soc., 1988; 110: 5959-5967.

40. Kiaris H, Spandidos DA. Mutações dos genes Ras em tumores humanos. International Journal of Oncology, 1995; 7(3): 413-421.

41. Charles P. Taylor a, Timothy Angelotti , Eric Fauman, Pharmacology and mechanism of action of pregabalin: The calcium channel 2- (alpha2-delta) subunit as a target for antiepileptic drug discovery, Epilepsy Research , (2007) 73, 137-150.

42. Yuen et al., Síntese Enantioselectiva de Pd144723: Um Potente Anticonvulsivo Estereoespecífico. Bioorganic & Medicinal Chemistry Letters, Vol. 4. No. 6, pp. 823-826, 1994.

yes

I want morebooks!

Buy your books fast and straightforward online - at one of world's fastest growing online book stores! Environmentally sound due to Print-on-Demand technologies.

Buy your books online at
www.morebooks.shop

Compre os seus livros mais rápido e diretamente na internet, em uma das livrarias on-line com o maior crescimento no mundo! Produção que protege o meio ambiente através das tecnologias de impressão sob demanda.

Compre os seus livros on-line em
www.morebooks.shop

Printed by Books on Demand GmbH, Norderstedt / Germany